中等职业教育“十三五”规划教材

种子质量检测
基础知识和技能训练

主　编　师宗璞　郭晓华　何兵兵

西南交通大学出版社
·成　都·

图书在版编目（CIP）数据

种子质量检测基础知识和技能训练 / 师宗璞，郭晓华，何兵兵主编. —成都：西南交通大学出版社，2019.11（2023.7 重印）
ISBN 978-7-5643-7189-0

Ⅰ. ①种… Ⅱ. ①师… ②郭… ③何… Ⅲ. ①种子—质量检测—中等专业学校—教材 Ⅳ. ①S339.3

中国版本图书馆 CIP 数据核字（2019）第 247535 号

Zhongzi Zhiliang Jiance Jichu Zhishi he Jineng Xunlian
种子质量检测基础知识和技能训练
主编　师宗璞　郭晓华　何兵兵

责任编辑	梁志敏
助理编辑	赵永铭
封面设计	吴　兵
出版发行	西南交通大学出版社（四川省成都市金牛区二环路北一段 111 号 西南交通大学创新大厦 21 楼）
发行部电话	028-87600564　028-87600533
邮政编码	610031
网　　址	http://www.xnjdcbs.com
印　　刷	成都中永印务有限责任公司
成品尺寸	170 mm × 230 mm
印　　张	7.25
字　　数	113 千
版　　次	2019 年 11 月第 1 版
印　　次	2023 年 7 月第 3 次
书　　号	ISBN 978-7-5643-7189-0
定　　价	36.00 元

课件咨询电话：028-81435775
图书如有印装质量问题　本社负责退换

前　言

当下，职业技能竞赛已成为推动职业院校教育教学改革的重要推手，如何“以赛促教，赛教融合”是职业教育者必须要考虑的问题。种子质量检测技术是通过对种子或种子样品的主要质量指标进行检测、分析、鉴定，从而判断与评价种子批质量优劣的一门学科，牵扯到种子及其质量检测的方方面面的知识。目前所见关于种子质量检测技术的教材大多偏重于理论知识的讲解而轻于技能训练。但国家职业技能大赛农业项目的种子质量检测只涉及一部分理论知识内容。为了使学生既能够对种子质量检测有一个全面的了解，又能在技能大赛中取得优良的成绩，从而更好地达到“以赛促教，赛教融合”的目的，编者根据多年辅导各级技能大赛参赛选手及作为技能大赛评委的经验，不揣浅陋，编写了本书，希望本书对现代农艺类专业学生的技能竞赛有所帮助。

本书内容共分两个部分。第一部分为种子质量检测基础知识，根据各级技能竞赛的具体要求，又分为六章内容。第一章对种子质量检测基础知识进行了概述。第二章重点介绍了种子净度分析，在介绍净种子定义及其区分总则的基础上，搜集了本地常见作物的种子图片，结合国家规程对常见作物净种子识别做了详尽介绍，最后介绍了小麦种子净度分析的具体方法。第三、四章为种子千粒重和种子生活力测定，在介绍两个项目基础知识的基础上，重点介绍了小麦种子千粒重和生活力测定的程序。第五、六章介绍了电子天平及种子水分测定基本知识。第二部分为实训指导，将技能竞赛的三个项目分为十一个具体实训，分别从不同作物净种子识别、电子天平使用、试样分取、试样分析、相关数据处理、净度分析综合训练、千粒重测定、种子生活力测定等方面进行训练，最后又进行一次三个项目的综合训练。每一个实训在详细介绍操作过程的同时，还编写了常见问题及解决对策、经验之谈、知识拓展等小栏目。最后本书附录收录了净种子定义细则（GB/T3543.3—1995）和2018年甘肃省中等职业学校学生技能大赛种子质量检测项目竞赛规程等。

本书主要为各级技能竞赛辅导选手而编，适用于中等职业学校现代农艺及相关专业学生参加农业项目的种子质量检测竞赛时的技能训练。师宗璞老师负责编写第一、二、四、六、七、八、十、十一章，并负责全书的统稿工作。郭晓华老师负责编写第三、九章及全书的文字和图片处理工作。何兵兵老师负责编写第五章及附录部分的选编工作。

本书在编写过程中，得到了通渭县职业中等专业学校领导的大力支持和悉心指导，也得到了教研组内同行的热心帮助，在此一并表示感谢。由于编者水平所限，书中不足和疏漏之处在所难免，也请各位同行批评指正。

编者

2019年7月

目 录

第一部分 基础知识

第二部分 实训指导

第一部分

基础知识

第一章　种子质量检测概述

第一节　种子基础知识

种子检验的对象是农作物种子，主要包括植物学上的种子和果实。开展种子检验的最终目的就是选用高质量的种子播种，减少或杜绝因种子质量的原因造成不必要的减产风险，从而保证农业的生产安全。

种子检验中所说的种子是种子单位，即通常所见的传播单位。在不同的领域中，种子的概念也各不相同。

一、种子的含义

种子在植物学上是指由胚珠发育而成的繁殖器官，一般需要经过有性过程。

《种子法》第二条第二款对种子的定义是：农作物和林木的种植材料或者繁殖材料，包括籽粒、果实和根、茎、苗、芽、叶等。

在农业生产上，种子是最基本的生产资料，其含义要比植物学上的种子广泛得多，凡是农业生产上可直接作为播种材料的植物器官都可以称为种子。为了与植物学上的种子有所区别，农业生产上的种子被称为“农业种子”更为恰当，但在习惯上，农业工作者为了简便起见，将其统称为种子。一般情况下，我们所讲的种子多指农业生产上所用的各种农作物的播种材料。目前世界各国所栽培的作物包括大田作物、园艺作物和森林树木等几个方面，播种材料种类繁多，大体可以分为以下四类。

（1）真正的种子。即植物学上所指的种子，他们都是由胚珠发育而成的。如豆类（少数除外）、棉花、油菜及十字花科的各种蔬菜、黄麻、亚麻、烟草、瓜类、茄子、番茄、辣椒、茶等。

（2）果实型种子。某些作物的干果，成熟后不开裂，可以直接用果实作为播种材料。如禾本科作物的颖果（小麦、玉米等为典型的颖果，而水稻因外部还包有稃壳，其谷粒在植物学上被称为假果）；菊科植物（向日葵、除虫菊等）的瘦果；伞形科植物（胡萝卜、芹菜等）的分果。在这些干果中，颖果与瘦果在生产上占有十分重要的地位，他们内部仅包含有一颗种子，而在外形上却和真种子类似，所以在作物学上往往被称为“子实”，意为类似种子的果实（子实与真种子均可称为籽粒）。而禾谷类作物的子实有时也称为“谷实”或“谷物”。

（3）营养器官。有些种类的植物除种子和果实能形成新个体外，营养器官也能形成新个体，而有些植物在一定的生存条件下只能用营养器官繁殖后代。例如：马铃薯、菊芋的地下块茎；甘薯、山药的地下块根；大葱、大蒜、百合的地下鳞茎；莲藕、姜、草莓的地下根茎；金针菜的根系分株；荸荠、慈姑和芋的地下球茎；甘蔗的地上茎以及苎麻的吸枝等都属于营养器官。以上这些作物，多数亦能开花结子，并可供繁殖用，但在农业生产上一般均利用其营养器官进行种植。由这些营养器官形成的新个体常能显示其特殊的优越性，只有在少数情况下，如进行杂交育种时，这些植物才能直接利用种子。

（4）繁殖孢子。这类繁殖主要是食用菌。食用菌有野生的，也有人工栽培的，种类很多。食用菌的繁殖基本上都是依靠孢子。如野生的“猴头”，在干燥之后呈淡黄色块状，表面布以子实层，子实层上生着许多孢子，成熟了的孢子能随风飘扬，落到临近树上的树洞里或枯枝上，当遇到适宜的环境条件后便会迅速发育，生长出新的“猴头”来。又如栽培蘑菇的生活周期就是孢子——一次菌丝—二次菌丝—子实体原基—子实体—孢子的世代交替过程。

另外还有“包衣种子”和人工种子。“包衣种子”即用人工方法包裹一层胶质的天然种子。根据种子包衣所用材料性质（固体或液体）的不同，包衣种子可分为丸化种子和包膜种子。国际种子检验协会对丸化种子的定义：“为了精密播种，发展的一种或大或小的球形种子单位，其大小和重量①的变化范围可大可小，包壳物质可能含有杀虫剂、杀菌剂、染料或其他添加剂”。随着体细胞杂交、基因工程、组织培养等现代生物科学技术的飞速发展，世界范围内都在致力于“人工种子”的研究。人工种子的概念于 1978 年在第四届国际组培会上由美国生物学家首次提

① 本书中提到的“重量”实为“质量”（单位为 kg 或 g），为与书中“质量与检测”中的“质量”区分，以免读者混淆两者的含义，在此采用了“重量”的通俗叫法。特提醒读者注意。

出。“人工种子”又称合成种子、人造种子或无性种子，与上述提及的种子概念不一样，是指通过组织培养，诱导产生体细胞胚（培养物），再用有机化合物加以包裹，并具有一定的强度，由此获得的可以代替种子的人工培养物。目前研制成的人工种子由人工种皮、人工胚乳和体细胞胚（培养物）三部分组成。

二、种子的形态构造及形态学分类

种子的形态构造在种子的品种和品种间常存在差异。很多性状可作为鉴别品种的依据。如种子的形状、大小、色泽，种子表面的光滑度，表皮上茸毛的有无、稀密及分布，胚和胚乳的部位等。这些性状也是识别品种成熟度、种子分级、检测、贮藏等的重要依据。常见作物如普通小麦的种子不带稃壳，由皮层、胚和胚乳三部分组成。种子的腹面有一纵沟，叫腹沟，胚在种子背面基部，在种子的另一端有茸毛。又如荞麦的籽粒是瘦果，略呈三棱形，果实基部留存五裂花萼，果实内部只含一粒种子。在种子检测时，荞麦籽粒不管有无果皮都属于种子。常见作物种子的形态识别详见第二章第三节。

从植物形态学的观点来看，同一科属的种子常具有共同特点，根据这些特点可对植物种子进行分类，这种分类法能将种子的形态特征与种子识别、检验和利用结合起来，有助于在净度分析时对各种植物净种子正确识别。根据植物形态学可将种子分为如下 5 类：

（1）包括果皮及其外部附属物。

禾本科颖果，外部包有稃壳（即内外颖，有的还包括护颖），植物学上把这类物质归为果实外部附属物，如稻、大麦、燕麦、薏苡、粟（谷子）、黍（糜子）等。

藜科胞果，常包藏于扩大的花萼或花苞中，如甜菜、菠菜。

蓼料瘦果，花萼宿存，附着于果实基部，如荞麦。

（2）包括果实的全部。

禾本科颖果，如小麦、黑麦、玉米、裸大麦。

豆科荚果，如黄花苜蓿。

大麻科瘦果，如大麻。

伞形科悬果，如胡萝卜、芹菜、芫荽、茴香等。

菊科瘦果，如向日葵。

（3）包括种子及果实的一部分（主要是内果皮）。

蔷薇科，如桃、李、杏。

桑科，如桑。

（4）包括种子的全部。

百合科，如葱、韭、蒜等；葫芦科，如南瓜、西瓜等；还有豆科、十字花科、亚麻科、茄科等。

（5）包括种子的主要部分。

第二节 种子检验基础知识

一、种子检验的含义

种子检验是指采用科学的技术和方法，按照一定标准，运用一定的仪器设备，对农业生产上的种子品质（质量）进行分析测定，判断其品质优劣，评定其种用价值的一门学科或技术。

种子检验的对象是广义的种子，即通常所见的传播单位，主要包括植物学上的种子（真正的种子）、植物学上的果实（果实型种子）及植物学上的营养器官。

农业生产中最大的威胁就是播下的种子没有生产潜力，开展种子检验工作就是为了播种前评定种子质量，使这种威胁降到最低限度，确保种子在生产上的使用价值。

二、种子检验的内容

种子检验是对种子样品质量进行的分析测定，从而判断其优劣，评定其种用价值的过程。种子样品质量（即种子质量，也叫种子品质）包括品种品质和播种品质。品种品质是评定种子品质优劣的标准之一，是作物种子与遗传特性有关的品质，可概括为“真”“纯”两个字。播种品质是指种子播种后与田间出苗有关的品质，可概括为“净”“壮”“饱”“健”“干”五个字。播种品质高的种子，发芽率高，含水量、千粒重、净度等符合规定标准。

“真”就是种子的真实性，是指种子真实可靠的程度。

“纯”即品种纯度，是指品种典型一致的程度。纯度检验是种子室内检验项目之一。

“净”即种子的净度，是指种子的清洁干净程度，是计算种子用价的指标之一，也是种子室内检验项目之一，更是近几年中职技能竞赛“种子质量检测”的检测项目之一。

“壮”指种子发芽出苗齐壮的程度，可用发芽力、生活力、活力表示。发芽率是种子用价的指标之一，是种子室内检验项目之一。种子生活力是近几年中职技能竞赛“种子质量检测”的检测项目之一。

“饱”是指种子充实饱满的程度，可用千粒重表示。种子千粒重是种子室内检验项目之一，也是近几年中职技能竞赛“种子质量检测”的检测项目之一。

“健”是指种子健康完善的程度。

“干”是指种子干燥耐藏的程度，可用种子水分百分率表示。

国家标准《农作物种子检验规程 净度分析》(GB/T 3543.3—1995)规定，种子的真实性和纯度、净度、发芽率、水分含量为种子质量的必检指标。这些指标是判定种子合格与否的关键，所有指标合格的种子才能被判定为合格种子，一项指标不合格的种子即为不合格种子。同时还要进行种子的健康测定。

本书仅是为中职技能竞赛训练选手之用，所以主要介绍净度、千粒重和生活力三个项目的检测技术及相关知识。

三、种子检验的意义

种子质量检测技术是通过对种子或种子样品的主要质量指标进行检测、分析、鉴定、判断与评价种子品质优劣的科学技术。农作物高产稳产必须满足三个基本条件：遗传结构优良的品种，适宜的生长环境与栽培技术，高质量的种子，三者相辅相成。种子品质低劣，没有增产能力甚至生活力差，易造成严重的缺苗断垄，是农业生产的最大威胁之一。因此，开展种子质量检测是搞好种子质量管理和监督的重要措施。在播种前评定种子质量，可以使因种子质量问题而让农业生产受到的威胁降到最低。从事种子质量检测技术工作，必须学习掌握完成种子各个检测项目所要求的基本知识，这样才可胜任职业技术岗位，解决种子质量检测工作中的具体问题。

（1）保证种子质量，提高作物产量。

（2）贯彻优质优价政策，促进种子质量的不断提高。

（3）保证种子贮存运输的安全。

（4）防止病虫杂草种子的传播蔓延。

（5）有利于贯彻种子法，防止伪劣种子流通，保护农业生产安全和农民的利益。

（6）是推行种子标准化和实施《种子法》的保证。

四、种子检验的分类

种子检验可分为田间检验、室内检验及田间小区鉴定三大部分。

（1）田间检验。主要检验种子的品种品质，即种子真实性和品种纯度；也可检验异作物、杂草、病虫害及生育情况、倒伏程度等。

（2）室内检验。种子室内检验是指种子收获后在室内扦取种子样品进行的检验。主要检验种子真实性、品种纯度、净度、发芽力（生活力）、活力、千粒重，容重、水分及病虫害等。

（3）田间小区鉴定。对种子真实性和品种纯度，室内检验往往难做出正确的判断，这时就要进行田间小区鉴定。

五、种子检验的主要步骤

（1）扦样或取样。扦样或取样是从一批种子或一个田块中抽取一小部分有代表性的种子或植株做检验之用的过程。扦样或取样技术是否正确，直接决定着种子检验结果的正确与否。

（2）分析检验。分析检验是用科学的方法和必要的仪器对种子品质进行的分析鉴定。种子品质的项目较多，检验技术也较复杂。本书是为训练技能竞赛选手而编，所以主要介绍了室内检验的净度、千粒重和生活力三个项目的检测技术及相关知识。

（3）签证。田间检验、室内检验和田间小区鉴定后，都要填写检验结果单。

第三节　种子室内检验简介

种子室内检验是指种子收获后在室内对其播种品质和纯度进行的检验。首先是扦取有代表性的种子样品，然后按规定的程序和方法，用相应的仪器进行测定。测定的项目包括净度、发芽力、水分、千粒重、品种纯度和其他项目。

一、种子室内检验程序

种子室内检验一般先进行水分测定，再进行净度分析，最后进行发芽力测定。在操作时，应严格按照检验程序图进行操作，不得随意改变。种子检验程序如图 1-1 所示。

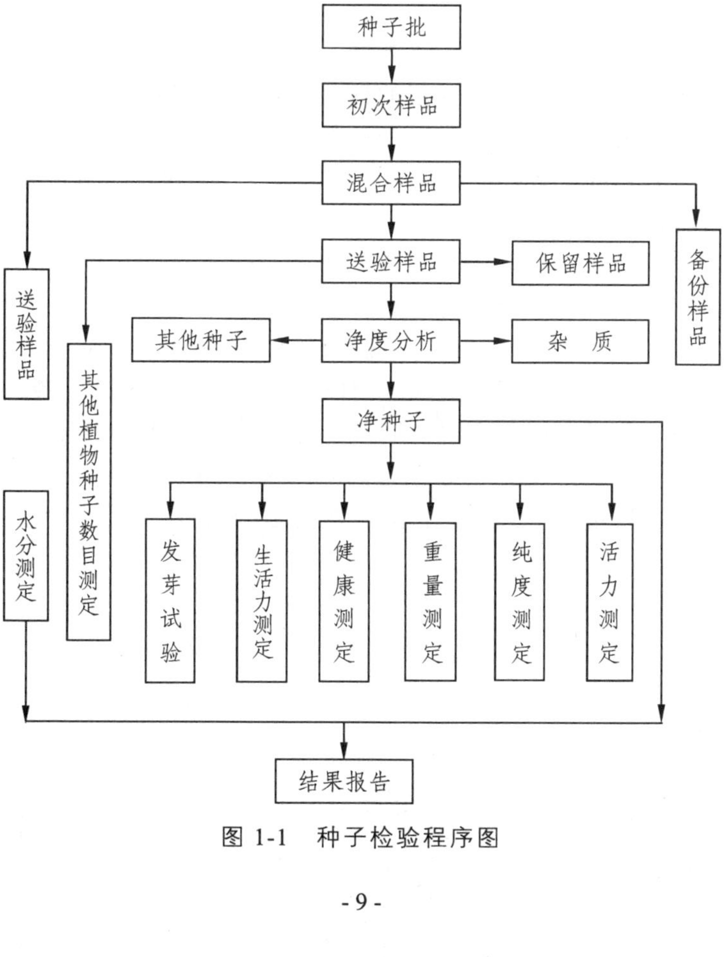

图 1-1　种子检验程序图

二、种子检验程序相关概念的含义

（1）扦样：从大量的种子中，随机取得一个重量适当、有代表性的供检样品的过程。通常利用一种专用的扦样器具从袋装或散装种子批中取样。其目的是从一个种子批中扦取适当数量有代表性的送验样品供检验之用。

（2）样品：种子检验部门直接采取或有关单位送交种子检验部门用作检验的适量种子或材料。按检验工作的需要，样品可分为初次样品、混合样品、送验样品、试验样品四种。在检验过程中不管哪一种样品都要有代表性。

（3）初次样品：对种子批的一次扦取操作所获得的一部分种子。

（4）混合样品：由种子批内所扦取的全部初次样品合并混合而成的样品。

（5）半试样：将试验样品分减成一半重量的样品。

（6）送验样品：送达检验室的样品。该样品可以是整个混合样品或是从其中分取的一个次级样品。送验样品可再分成由不同材料包装以满足特定检验需要的次级样品。如技能竞赛时赛场提供的 500 g 左右小麦种子就是送验样品。

（7）试验样品：不低于检验规程中所规定重量的、供某一检验项目之用的样品。它可以是整个送验样品中分出一定量的种子，供检验种子品质个别项目用的样品。试验样品应估计至少含有 2 500 个种子单位的重量或不少于《农作物种子检验规程 扦样》（GB/T 3543.2—1995）表 1 的规定。如小麦种子净度分析时分取的试样重应为 120 ~ 130 g。

（8）种子批：一批种子必须是同一来源，同一品种，同一年度，同一时期收获，质量基本一致，在规定数量之内的种子。

第二章　种子净度分析

种子净度分析是种子室内检验的工作任务之一，也是中等职业教育技能竞赛的主要内容之一。其主要任务是测定送验样品不同成分的重量百分率和样品混合物特性，并据此推测种子批的组成。种子净度分析是种子质量标准中的四大指标之一。

第一节　种子净度分析基础知识

一、种子净度分析的概念

种子净度就是种子的清洁干净程度，指种子批或样品中净种子、杂质和其他植物种子组分的比例及特性。具体来讲，种子净度是指样品中除去杂质和其他植物种子后，留下的本作物净种子重量占分析样品总重量的百分率。

净度分析是测定供验样品不同成分的重量百分率和样品混合物特性，并据此推测种子批中洁净可利用种子的真实重量，为计算种子用价提供一项指标。其次可了解种子批中其他植物种子及杂质的种类和含量，以便采取适当的清理方法，提高种子质量。整个净度分析应符合《农作物种子检验规程 净度分析》（GB/T 3543.3—1995）的规定。

二、种子净度分析的目的和意义

种子净度分析的目的首先是了解一批种子中洁净可利用种子的真实重量，为计算种子用价提供一项指标。其次是了解种子批中其他植物种子和杂质的种类及含量，以便采取适当的处理方法，提高种子质量。净度分析时将试验样品分为净种子、其他植物种子和杂质三种成分，并测定三种成分的百分率，样品中的所有植物种子和各种杂质，应尽可能加以鉴定，同时测定其他植物种子的种类及含量。通过净种子的百分率可了解种子批的利用价值，而通过测定其他植物种子的种类及含量，即可知道种子批的危害程度，从而可决定该种子批的取舍。而测定杂质的种类及含量，可为种子的进一步清选、加工提供依据，确保种子安全贮存，从而提高种子利用率。总之，净度分析是种子检验的重要项目之一，对现代农业生产有着重要的意义。

三、净度分析的宽、严法简介

净度分析有精确法和快速法之分。精确法又叫严法，它将样品划分为好种子、废种子、有生命杂质和无生命杂质四种成分。精确法对好种子的要求比较严格，实际检验时对好种子的界限难划分，技术复杂，主观性大，已经被国际所淘汰。快速法又叫宽法，它将样品分为净种子、其他植物种子和杂质三种成分。快速法对净种子的要求比较宽，区分界限明确，技术简单，主观性小。本书介绍的净度分析就是快速法。

四、净种子定义及其区分总则

（一）净种子

净种子就是描述不同种的种子单位，一般定义为：被检测样品所指明的种或送检者所叙述的种（包括该种的全部植物学变种或栽培品种），符合《农作物种子检验规程 净度分析》（GB/T3543.3—1995）中附录 A 要求的种子单位或构造。

下列两种构造凡能明确地鉴别出它们是属于所分析的种（已变成菌核、黑粉病孢子团或者线虫瘿除外），即使是未成熟的、瘦小的、带病的或发过芽甚至无胚的种子单位都应作为净种子。

（1）完整的种子单位。

种子单位包括真种子、瘦果、类似种子的果实、分果和小花。在禾本科中，种子单位如是小花须带有一个明显含有胚乳的颖果。

（2）种子大于原来大小一半的破损种子单位。

本书后面实训中所说净种子单指小麦种子，包括完整的颖果和超过原来大小一半的破损颖果。如果有颖壳，则在试样分析时一定要将颖壳去掉，将其归入杂质。

（二）其他植物种子

其他植物种子是指除净种子以外的任何植物种类的种子单位，包括其他植物种子和杂草种子。其鉴定原则与净种子相同，符合《农作物种子检验规程 净度分析》（GB/T 3543.3—1995）中附录 A 对不同植物净种子的要求。如小麦种子中混有小扁豆、油菜种子，这两种植物种子必须达到《农作物种子检验规程 净度分析》（GB/T 3543.3—1995）中附录 A 对兵豆属、油菜属的净种子标准的才能算为其他植物种子，达不到相应属净种子标准的则为杂质。但个别的属或种中对净种子的定义有一些例外，所以在小麦净度分析时判断这些属或种是其他植物种子还是杂质时要特别注意。

（1）豆科，十字花科中种皮完全脱落的种子单位应列为杂质。

（2）豆科种子单位的分离子叶也应列为杂质，即使有胚芽和胚根的胚中轴，并超过原来大小一半的附属种皮。

（3）甜菜属种子单位作为其他植物种子时不必筛选，可用遗传单胚的净种子定义。

（4）在燕麦属、高粱属中，附着的不育小花不需除去而全部归入其他植物种子。

（三）杂质

杂质是指除净种子和其他植物种子以外的所有种子单位、其他物质及构造。

（1）明显不含真种子的种子单位。

（2）破裂或受损伤种子单位的碎片为原来大小的一半或不及一半的（如变色、腐烂、压扁、压碎的种子）。

（3）按该种的净种子定义，不将这些附属物作为净种子部分或定义中尚未提及的附属物。

（4）种皮完全脱落的豆科、十字花科的种子。

（5）脆而易碎、呈灰白色、乳白色的菟丝子种子。

（6）脱下的不育小花、空的颖片、内外稃、稃壳、茎叶、秸秆、球果、鳞片、果翅、树皮碎片、花、线虫瘿、真菌体（如麦角、菌核、黑穗病孢子团）、泥土、砂粒、石砾及所有其他非种子物质（如害虫、虫粪）。

（四）相关术语解释

（1）种子单位：通常所见的传播单位，包括真种子，瘦果，颖果，分果和小花等。

（2）瘦果：干燥、不开裂、含有一粒种子的果实，果皮与种皮分离。

（3）颖果：果皮与种皮紧密结合在一起的果实，如禾本科裸粒果实。

（4）小花：禾本科中指包裹着雌雄蕊的内外稃或成熟的颖果。标准中的小花是指有或无不孕外稃的可育小花。

（5）可育小花：具有功能性器官（即有颖果）的小花。

（6）不育小花：缺少功能性器官（即缺少颖果）的小花。

（7）小穗：由一个或一个以上小花组成的禾本科花序单位，基部被一至二片不育颖片包着。标准中所指的小穗不仅包括可育小花，而且还包括一个或更多个可育小花或完全不育的小花或颖片。

（8）分果：在成熟时可分离为两个或两个以上单位（分果爿）的干果。

（9）种球：一种密集着生的花序。

（10）小坚果：一种小型的、不开裂的、内含一粒种子的干果。

（11）芒：一种细长、直立或变曲的刺毛。在禾本科中，通常是外稃或颖片中肋的延长物。

（12）喙：果实的尖锐延长部分。

（13）苞片：一种退化的叶或鳞片状构造，它将花包着或将禾本科的小穗包在轴上。

（14）颖片（护颖）：指禾本科小穗基部的两片通常不育的苞片之一。

（15）外稃：禾本科小花的外部（下部）苞片。

（16）内稃：禾本科小花的内部（上部）苞片。包在颖果内侧（腹向）的苞片。

（17）小穗轴：在禾本科中专指着生小花的轴。

（18）穗轴：花序的主轴。

（19）柄：任何植物器官的茎。

（20）花梗：花序上花的短柄。

第二节　常见作物种子形态及净种子识别

一、小麦种子识别

1．分类地位

禾本科，小麦属。

2．形态特征

根据植物形态学对种子的分类，小麦的种子包括果实（颖果）的全部，其颖果（种子）不带稃壳，由皮层、胚和胚乳三部分组成。种子的腹面有一纵沟，叫腹沟，胚在种子背面基部，在种子的另一端有茸毛。如图 2-1 所示。

图 2-1　小麦种子

3．净种子标准

（1）颖果。

（2）超过原来大小一半的破损颖果。

4．与小麦具有相同净种子标准的其他植物

黑麦属、小黑麦属、玉米属。黑麦种子如图 2-2 所示。

图 2-2　黑麦种子

二、粟类作物种子识别

1．分类地位

在禾谷类作物中，凡籽粒较小，与谷子有类似性状的一年生作物，一般统称为粟类作物，主要有粟（谷子）、黍（糜子）等，如图 2-3 和图 2-4 所示。但二者在植物学中的分类地位是不同的。粟属于禾本科，狗尾草属；而黍属于禾本科，黍属。

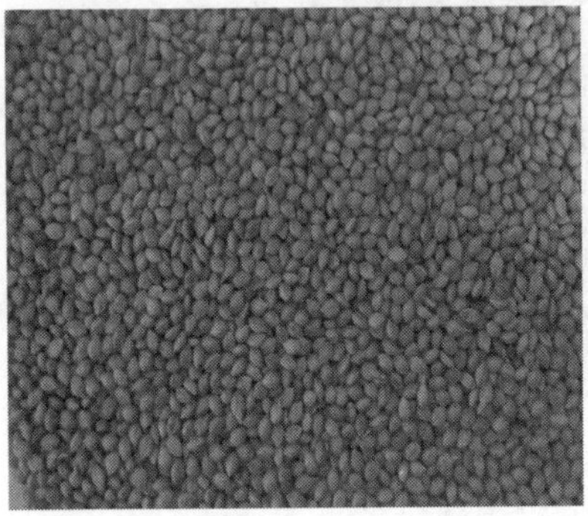

图 2-3　粟

图 2-4　黍

2．形态特征

根据植物形态学对种子的分类，粟和黍的种子是包括果皮及其外部附属物的颖果，如图 2-5 和图 2-6 所示。粟形小而圆，色分黄白、黄、橙红等。黍成熟时坚硬有光泽，籽粒比粟略大。

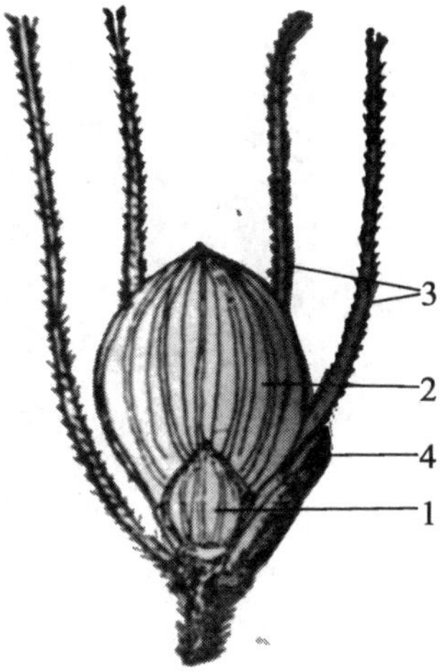

1—第一颖片；2—第二颖片；
3—刺毛；4—退化小穗。

图 2-5 粟小穗的侧形

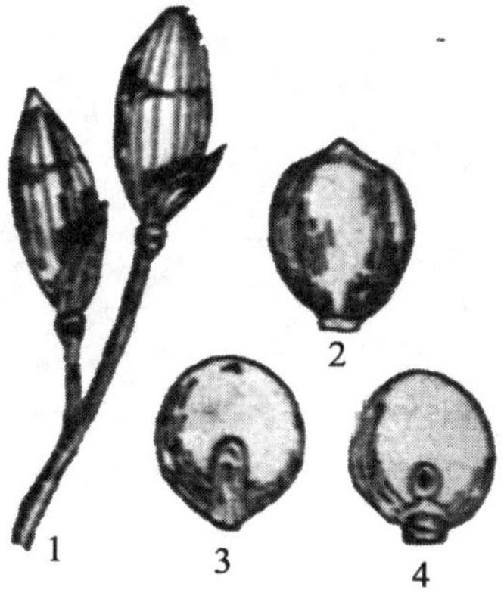

1—小穗；2—带颖子实；3—脱颖子实背面；4—脱颖子实腹面。

图 2-6 黍小穗及子实

3．净种子标准

（1）由颖片、内外稃包着一个颖果的小穗，并附有不孕外稃。

（2）由内外稃包着颖果的小花。

（3）颖果。

（4）超过原来大小一半的破损颖果。

三、燕麦种子识别

1．分类地位

禾本科，燕麦属。

2．形态特征

根据植物形态学对种子的分类，燕麦的种子是包括果皮及其外部附属物的颖果。通常以种子是否带壳把燕麦分为带稃型（皮燕麦）和裸粒型（莜麦）两种，如图 2-7 和图 2-8 所示。带稃型燕麦的外壳长而硬，成熟时籽粒包于壳内，主要用作饲料。裸粒型（莜麦）燕麦籽粒顶端有茸毛，籽粒表面有茸毛但容易擦去，长圆形，顶端尖，黄色。

图 2-7　带稃型燕麦

图 2-8　裸粒型燕麦

3．净种子标准

（1）由内外稃包着一个颖果的小穗，有或无芒，并附有不育小花。

（2）由内外稃包着颖果的小花，有或无芒。

（3）颖果。

（4）超过原来大小一半的破损颖果。

注：① 由两个可育小花构成的小穗，要将他们分开。

② 当外部不育小花的外稃部分地包着内部可育小花时，这样的单位不必分开。

③ 从着生点除去小柄。

④ 把仅含有子房的单个小花列为杂质。

四、高粱种子识别

1．分类地位

禾本科，高粱属。

2．形态特征

根据植物形态学对种子的分类，高粱的种子是包括果皮及其外部附属物的颖果。高粱的小穗成对着生，一个为无柄小穗，含有一可育花（颖果）和一退化花（仅有外稃）；另一个为有柄小穗（一般不结实）。如图 2-9 和图 2-10 所示。

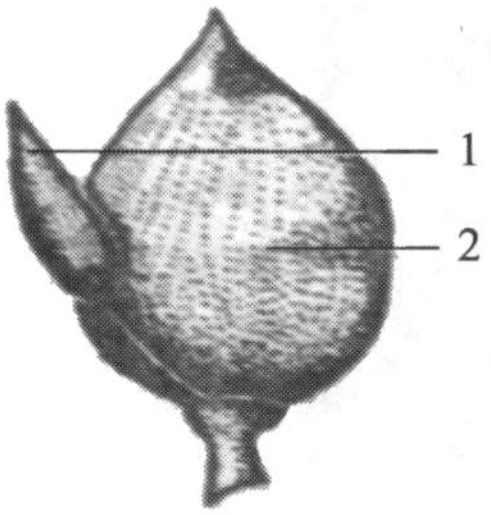

1—有柄小穗；2—无柄小穗。

图 2-9　高粱的成对小穗

图 2-10　高粱种子

3．净种子标准

（1）有颖片、透明状的外稃或内稃（内外稃也可缺乏）包着颖果的小穗，有穗轴节片、花梗、芒，附着不育小花。

（2）有柄小穗的花梗和穗轴节片（柄），只要柄长不超过该小穗（如超过，需将整个小穗柄除去）。

（3）有内外稃的小花，有或无芒。

（4）颖果。

（5）超过原来大小一半的破损颖果。

五、荞麦种子识别

1．分类地位

蓼科，荞麦属。

2．形态特征

根据植物形态学对种子的分类，荞麦种子应包括果皮及其外部附属物。其瘦果呈三棱卵圆形，花萼宿存，附着于果实基部。我国栽培的荞麦有两个种，即普通荞麦（甜荞）和鞑靼荞麦（苦荞）。甜荞果实较大，三棱形，棱角分明，表面光滑，如图 2-11 所示。苦荞果实较小，表面粗糙，三棱形棱角不明显，如图 2-12 所示。

图 2-11　甜荞种子

图 2-12　苦荞种子

3．净种子标准

（1）有或无种被的瘦果，但明显没有种子的除外。
（2）超过原来大小一半的破损瘦果，但明显没有种子的除外。
（3）果皮、种皮部分或全部脱落的种子，如图 2-13 所示。
（4）超过原来大小一半，果皮或种皮部分或全部脱落的种子。

图 2-13　无果皮的荞麦种子

4．与荞麦具有相同净种子标准的植物

在蓼科荞麦属植物中还有大黄的净种子标准与荞麦相同，其种子形状如图 2-14 所示。

图 2-14　大黄种子

六、菠菜种子识别

1．分类地位

藜科，菠菜属。

2．形态特征

根据植物形态学对种子的分类，菠菜种子应包括果皮及其外部附属物。果实为胞果，常包藏于扩大的花萼或花苞中，常见的有有刺种子和无刺种子两种，如图 2-15 和图 2-16 所示。

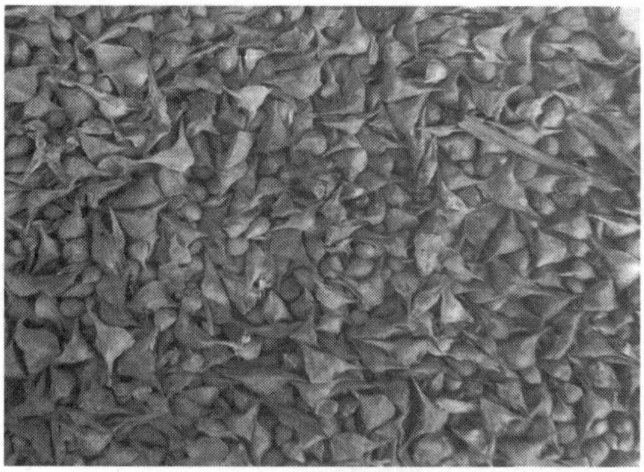

图 2-15　菠菜有刺种子

图 2-16　菠菜无刺种子

3．净种子标准

（1）瘦果（胞果），但明显没有种子的除外。

（2）超过原来大小一半的破损瘦果（胞果），但明显没有种子的除外。

（3）果皮或种皮部分或全部脱落的种子，如图 2-17 所示。

（4）超过原来大小一半，果皮或种皮部分或全部脱落的种子。

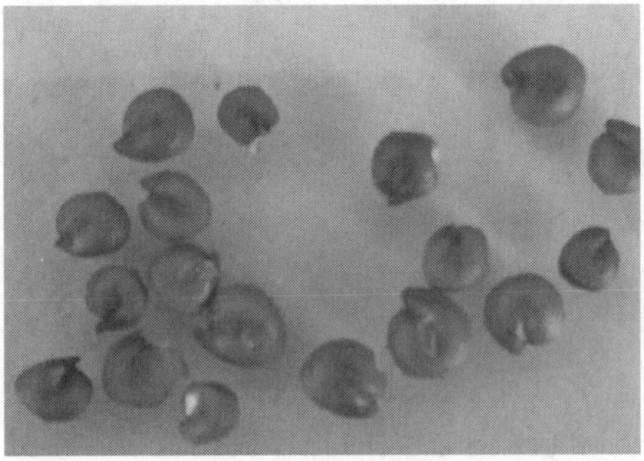

图 2-17　果皮脱落的菠菜种子

七、甜菜种子识别

1．分类地位

藜科，甜菜属。

2．形态特征

根据植物形态学对种子的分类，甜菜种子应包括果皮及其外部附属物。其果实为聚花果，又叫种球，是坚果和蒴果的中间类型，外部为木质化花萼所包围，如图 2-18 和图 2-19 所示。

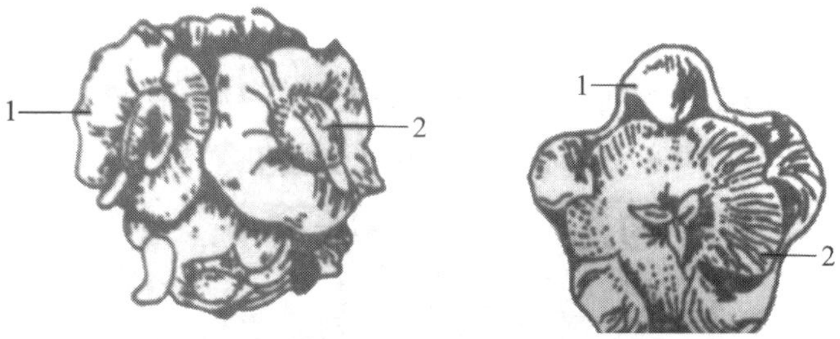

1—花萼；2—果皮。

图 2-18　甜菜种球外形

图 2-19　甜菜种球

3．净种子标准

（1）甜菜属种子单位作为其他植物种子时不必筛选，可用遗传单胚的净种子定义。

（2）遗传单胚：种球或破损种球（包括从种球突出程度不超过种球宽度的附着断柄），但明显没有种子的除外。

（3）果皮或种皮部分或全部脱落的种子。

（4）超过原来大小一半，果皮或种皮部分或全部脱落的破损种子。

注：当断柄突出长度超过种球的宽度时，需将整个断柄除去。

八、芫荽种子识别

1．分类地位

伞形科，芫荽属。

2．形态特征

根据植物形态学对种子的分类，芫荽种子应包括果实的全部。其果实是双悬果，近球形，如图 2-20 所示。

图 2-20　芫荽种子

3．净种子标准

（1）有或无果梗（任何长度和数量）的分果或分果爿，但明显没有种子的除外。

（2）超过原来大小一半的破损分果爿，但明显没有种子的除外。

（3）果皮部分或全部脱落的种子。

（4）超过原来大小一半，果皮部分或全部脱落的破损种子。

4．其他伞形科作物种子

（1）胡萝卜。

伞形科，胡萝卜属，种子形状如图 2-21 所示。

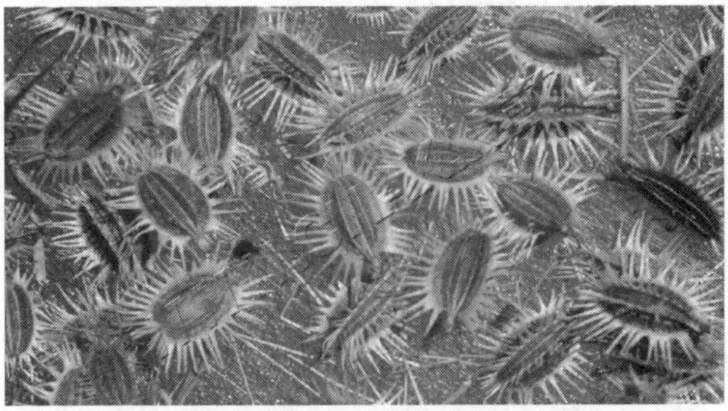

图 2-21　胡萝卜种子

（2）茴香。

伞形科，茴香属，种子形状如图 2-22 所示。

图 2-22　茴香种子

说明：以上两种作物种子包括果实的全部与芫荽具有相同净种子标准。

九、茼蒿种子和大麻种子识别

1．分类地位

茼蒿：菊科，茼蒿属。大麻：桑科，大麻属。

2．净种子标准

这两种植物种子与菠菜净种子标准相同，其形状如图 2-23 和图 2-24 所示。

图 2-23　茼蒿种子

图 2-24　大麻种子

十、绿豆和兵豆种子识别

1．分类地位

绿豆：豆科，豇豆属。兵豆：豆科，兵豆属。

2．形态特征

根据植物形态学对种子的分类，绿豆和兵豆的种子应包括种子的全部。绿豆种子形态特征如图 2-25 所示。兵豆也叫小扁豆，如图 2-26 所示。

图 2-25　绿豆种子

图 2-26　兵豆种子

3．净种子标准

（1）豆科，其种皮完全脱落的种子单位应列为杂质。

（2）即使有胚中轴，超过原来大小一半以上的附属种皮，豆科种子单位的分离子叶也应列为杂质。

十一、油葵和莴苣种子识别

1．分类地位

油葵：菊科，向日葵属，其种子为瘦果，如图 2-27 所示。

莴苣：菊科，莴苣属，种子形状如图 2-28 所示。

图 2-27　油葵种子

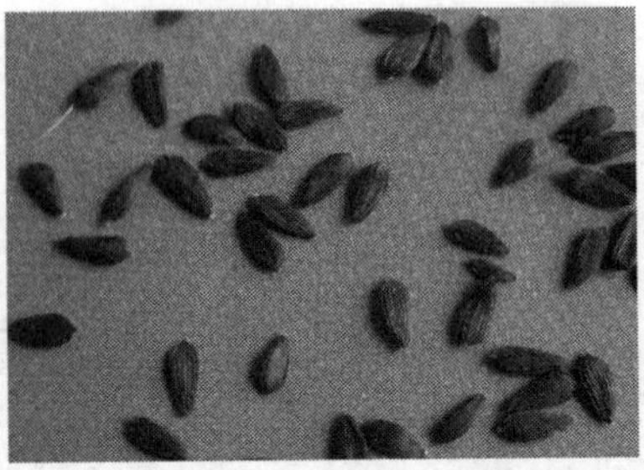

图 2-28　莴苣种子

2．净种子标准

（1）有或无喙（冠毛或喙和冠毛）的瘦果（向日葵属仅指有或无冠毛），但明显没有种子的除外。

（2）超过原来大小一半的破损瘦果，但明显没有种子的除外。

（3）果皮或种皮部分或全部脱落的种子。

（4）果皮或种皮部分或全部脱落，超过原来大小一半的破损种子。

十二、油菜种子和萝卜种子识别

1．分类地位

油菜：十字花科，芸薹属。

萝卜：十字花科，萝卜属。

2．形态特征

油菜种子一般球形或近似球形，或卵圆形，或不规则棱状，色泽有黄色、淡黄色、黑色等，如图 2-29 所示。萝卜种子如图 2-30 所示。

图 2-29　油菜种子

图 2-30　萝卜种子

3．净种子标准

十字花科植物其种皮完全脱落的种子单位应列为杂质。

十三、黄瓜种子识别

1．分类地位

葫芦科，黄瓜属。

2．形态特征

黄瓜种子外皮坚厚，这是由木化的厚壁组织组成的外种皮，它不同于向日葵木质化的果皮，如图 2-31 所示。

图 2-31　黄瓜种子

3．净种子标准

（1）有或无种皮的种子。

（2）超过原来大小一半，有或无种皮的破损种子。

4．与黄瓜种子具有相同净种子标准的其他植物种子

葱种子如图 2-32 所示，亚麻种子如图 2-33 所示。

图 2-32　葱种子

图 2-33　亚麻种子

第三节　净度分析的方法

一、分析前的准备

1．送验样品的检查

分析前必须检查送验样品的样品编号与记录是否一致，该种是否为记录所描述的种子。

2．送验样品的称重

按照《农作物种子检验规程 扦样》（GB/T 3543.2—1995）的要求，确定该品种送验样品的最低重量。送验样品的重量一般是净度分析量的10倍以上。本书只进行小麦种子净度分析，按GB/T 3543.2—1995规定，小麦种子送验样品的最低重量应该是1 000 g。但GB/T 3543.2—1995同时又规定，如果不进行其他植物种子的数目测定，送验样品至少达到净度分析所规定的试验样品的重量，本书及技能竞赛中的净度分析都不进行其他植物种子的数目的测定，所以以500 g左右的小麦种子作为送验样品。试样分析前必须先对送验样品称重。

3．重型混杂物的检查

在送验样品中，若有在大小或重量上明显大于供检种子的杂质，尽管数量不多，但能够严重影响净度分析的结果的混杂物就是重型混杂物，如土块、小石块或小粒种子中混有的大粒种子，在检测时应先挑出这些重型混杂物并称重，再将重型混杂物分离为其他植物种子和杂质分别称重和计算百分率。此百分率将并入净度分析最后结果中。

各级技能竞赛的小麦样品中没有重型混杂物，故本书中净度分析时样品中也不含重型混杂物，对重型混杂物的分离及称重和计算就不再详细介绍。

二、试样分取

1．试样重量

净度分析时试样重量太小则缺乏代表性，太大又分析费时。具体应按GB/T3543.2—1995的要求从送验样品中分取。试样至少含2 500粒种子单位即具代表性。每种作物都有规定的试样最低重量。本书只进行小麦种子净度分析，按规定小麦的试样最低重量为120 g。

2．试样分取

净度分析可用规定重量的一份试样，或两份半试样（试样重量的一半）进行分析。从送验样品中用分样器分取规定重量的试样一份或规定重量一半的试样（即半试样）两份。第一份试样取出后，将所有剩下部分重新混匀再分取第二份试样。

本实验只从 500 g 左右的小麦样品中用四分法分取一份全试样。

3．试样称重

当试样分至接近规定的最低重量时即可称重。试样称重的精确度因试样重而异。以克表示，精确至表 2-1 所规定的小数位数，以满足计算各种成分百分率达到一位小数的要求。本实验只进行小麦种子净度分析，按规定小麦的试样重量应该为 120～130 g，所以分取的小麦试样重应精确至一位小数。

表 2-1　试样称重的精确度

试样或半试样及其成分重量/g	称重至下列小数位数
1.000 以下	4
1.000～9.999	3
10.00～99.99	2
100.0～999.9	1
1 000 或 1 000 以上	0

三、试样的分析

试样称重后，按主要作物净种子的定义的规定，将试样分离成净种子、其他植物种子和杂质三种成分。

分析时将试样倒在分析桌（本实验的 8 开纸）上，利用镊子或小括板按顺序逐粒观察鉴定，将各成分分开。分离时可借助于放大镜，或用镊子施压，在不损伤发芽力的基础上进行检查。

分离时必须根据种子的明显特征，对样品中的各个种子单位进行仔细检查分析，并依据形态学特征、种子标本等加以鉴定。本实验只分析小麦种子净度，当其他不同植物种之间区别困难或不可能区别时，则填报属名，该属的全部种子均为其他植物种子，并附加说明。

种皮或果皮没有明显损伤的种子单位，不管是空瘪或充实，均作为净种子或其他植物种子，若种皮或果皮有一个裂口，检验员必须判断留下的种子单位部分是否超过原来大小的一半，如不能迅速地做出这种决定，则将种子单位列为净种子或其他植物种子。没必要将每粒种子翻过来观察其下面是否有洞或其他损伤。

当分析瘦果、分果、分果爿等果实和种子时（禾本科除外），只需从表面加以检查，不用压力、放大或使用其他特殊仪器。经过这样检查发现其中明显无种子的，列入无生命杂质。

分离后各成分分别称重，以克表示，折算为百分率。

四、相关数据处理及结果计算

净度分析的操作环节结束后要对原始数据以严谨的态度和科学的方法进行计算，既要将分析后的各成分重量之和与原始重量值比较，核对分析期间物质有无增失并计算各成分的重量百分率，还要对净度分析结果与标准规定值相比较看是否超过允许差距。分析结果与规定值比较后在容许差距之内的，才说明操作、处理是可靠的。

1. 送验样品、试样及分析后各成分重量应保留的小数位数

送验样品、试样的重量及分析后各成分重量的精确度，应按表 2-1 的规定保留相应的小数位数。

2. 增失差

（1）不管是一份试样还是两份半试样，应将分析后的各种成分重量之和与原始重量比较，核对分析期间物质有无增失并计算增失差，公式为

$$\text{增失差}(\%)=\frac{\text{试样的重量}-\text{各成分重量的和}}{\text{试样的重量}}\times 100\%$$

（2）若增失差距超过原始重量的 5%，则必须重做，填报重做的结果。

（3）计算完增失差后必须说明是否符合种子净度分析要求。

3. 三种成分重量百分率的计算

（1）$\text{净种子}(\%)=\frac{\text{净种子重量}}{\text{各成分重量之和}}\times 100\%$

（2）$\text{其他植物种子}(\%)=\frac{\text{其他植物种子重量}}{\text{各成分重量之和}}\times 100\%$

（3）杂质(%) = $\dfrac{\text{杂质重量}}{\text{各成分重量之和}} \times 100\%$

注意：① 以三种成分的重量百分率表示，结果保留一位小数（全试样）。② 百分率必须根据分析后各成分的和计算，而不能根据试样的原始重量计算。③ 其他植物种子和杂质均不再分类计算百分率。

4．检查重复间的误差

如果分析两份半试样，分析后任一成分的相差不得超过规程规定的重复分析间的容许差距，若所有成分的实际差距都在容许范围内，则计算每一成分的平均值。本实验只做全试样分析，故不再详细介绍。

5．填写结果报告单和修约

（1）检测结果要按照《农作物种子检验规程》规定的计算、表示和报告要求进行填报，如果某些项目没有测定而结果报告单上是空白的，则应在这些空格内填上“—N—”或“未检验”。

（2）修约。先检查各种成分百分率总和是否为 100.0%。如果其和是 99.9% 或 100.1%，那么要从最大值（通常是净种子部分）增减 0.1%。如果修约值大于 0.1%，那么应检查有无差错。各成分中，若有重量百分率小于 0.05% 的微量成分可略去不计，填报“微量”；如果一种成分的结果为零，须填“—0.0—”。

（3）当测定某一类杂质或某一种其他植物种子的重量百分率达到或超过 1%时，该种类应在结果报告单上注明。

（4）《农作物种子检验规程 扦样》（GB/T 3543.2—1995）规定，若扦样是另一检验机构或个人进行，则应在结果报告上注明:只对送验样品负责。

（5）《农作物种子检验规程》规定，几个数字相加的和或相减的差，小数点后所保留位数应与各数中小数点后位数最少者相同。几个数字相乘的积或相除的商，所保留位数应与各数中有效数字位数最少者相同。

6．数据处理的四舍六入五观察

《数据修约规则》（GB/T8170—2008）规定：

四舍六入五考虑，五的情况有三种:五后有数要进 1（如 10.502 修约到个位得 11），五后为零看前位，五前为偶要舍去（如 12.450 修约后得 12.4），五前为奇要进 1（如 12.350 修约后得 12.4）。

若拟舍弃的数字为两位以上，应按规则一次修约，即不允许连续修约。（如 12.3489，若小数点后保留一位，则修约后得 12.3）。

【案例分析】

<table>
<tr><td>送验单位</td><td></td><td>产　地</td><td colspan="3"></td></tr>
<tr><td>作物名称</td><td></td><td colspan="2">送验样品重/g</td><td colspan="2">500</td></tr>
<tr><td>类　别</td><td>试样重/g</td><td>净种子/g</td><td>其他植物种子/g</td><td>杂质/g</td><td>各成分重量之和/g</td></tr>
<tr><td>全试样</td><td>134</td><td>124</td><td>1.4</td><td>0.6</td><td>126</td></tr>
</table>

1. 上表是某学生在做小麦净度分析时填写的原始记载表的一部分，请指出其中的错误。这位学生接下来应该干什么？

2. 某学生在做小麦净度分析时得到的三种成分重量百分率分别是：种子净度（%）：98.8%，其他植物种子百分率（%）：1.1%，杂质百分率（%）：0.04%。请问这位同学在填写结果报告单时如何填写这三种成分重量百分率？

3. 某学生选用精度为 0.01 g 的天平做小麦净度分析，在称试样重时天平上显示：127.46，在称净种子重时天平上显示：124.56，在称其他植物种子重时天平上显示：2.34，在称杂质重时天平上显示：0.36。请你替这位同学完成下表的填写。

<table>
<tr><td>送验单位</td><td colspan="2">通渭职专</td><td>产　地</td><td colspan="3">通渭职专实验农场</td></tr>
<tr><td>作物名称</td><td colspan="2">小麦</td><td colspan="2">送验样品重/g</td><td colspan="2">500.2</td></tr>
<tr><td rowspan="3">净度分析</td><td>类别</td><td>试样重/g</td><td>净种子/g</td><td>其他植物种子/g</td><td>杂质/g</td><td>各成分重量之和/g</td></tr>
<tr><td>全试样</td><td></td><td></td><td></td><td></td><td></td></tr>
<tr><td>增失差/%</td><td colspan="5"></td></tr>
</table>

续表

<table>
<tr><td rowspan="4">净度分析</td><td>其他植物种子种类</td><td>不填</td><td>杂质种类</td><td>不填</td></tr>
<tr><td rowspan="3">净度分析结果计算</td><td colspan="3">净种子/%</td></tr>
<tr><td colspan="3">其他植物种子/%</td></tr>
<tr><td colspan="3">杂质/%</td></tr>
</table>

4. 请分别对下列数据按要求进行修约：11.504（修约到个位）、13.45（保留一位有效数字）、8.75（保留一位有效数字）、15.348 96（保留一位有效数字）。

5. 小麦种子试验样品重量为 121.2 g，净度全试样分析后，净种子重量为 115.1 g，其他植物种子重量为 3.37 g，杂质为 1.13 g，请完成：

（1）在填结果报告单时，这些数据应如何保留小数位数。

（2）计算增失差。

（3）计算该样品的净度。

第三章　种子千粒重测定

第一节　基础知识

种子千粒重测定是室内检测任务之一，也是中职技能竞赛项目之一。

一、种子千粒重的含义

种子重量测定是指测定一定数量种子的重量，千粒重通常是指自然干燥状态的 1 000 粒种子的重量。农作物种子检验规程所说种子千粒重是指国家标准规定水分的 1 000 粒种子的重量，以克为单位。

千粒重测定原则是从充分混合的净种子中随机数取一定数量的种子，称其重量。由于不同种子批在不同地区和不同季节，其水分差异较大，为了便于比较不同水分下的种子千粒重，按规定应根据实测千粒重和实测水分，按种子质量标准规定的种子水分，将实测千粒重换算成规定水分条件下的千粒重。计算方法如下：

$$\text{规定水分的种子千粒重(g)}=\text{实测千粒重(g)}\times\frac{1-\text{实测水分(\%)}}{1-\text{规定水分(\%)}}$$

技能竞赛时所测千粒重为实测千粒重，不需再做规定水分条件下的换算。

二、种子千粒重测定的目的和意义

种子千粒重对农业生产具有重要意义。

（1）种子千粒重是种子活力的重要指标之一。

千粒重大的种子一般播种后出苗整齐，幼苗生长健壮，并能保证田间成苗密度，从而增加作物产量。

（2）种子千粒重是作物产量构成的要素之一。

在作物预测产量时，要做好千粒重测定。

（3）种子千粒重是作物品种的主要农艺性状之一。

同一作物不同品种千粒重不同，但同一品种的种子千粒重基本上是一致的。

（4）千粒重是正确计算播种量的必要依据。

根据千粒重，可做到精量播种，从而节约使用种子。

第二节　种子千粒重测定的程序和方法

一、试样分取

将净度分析后的全部净种子均匀混合后，分出一部分作为试验样品。

二、千粒重测定方法

1．千粒法

用手或数粒仪从试验样品中随机数取两个重复。大粒种子，每重复500粒，中、小粒种子，每重复1 000粒。

如两份重复的重量相差不超过5%，则求其平均数，若超过则应再数取第三份重复，直到达到要求，取其差距最小的两份计算平均千粒重。

大粒种子如数500粒的重复测定，则需折算成千粒重。即可将两份试样的平均数乘2，求得种子千粒重。

2．全量法

如果用数粒仪数种，为了工作方便，可将净度分析后的全部试样，或者称取一定重量的种子全部数完，然后可按下列公式计算千粒重。

$$千粒重(g)=\frac{试样重量(g)}{该试样种子总粒数}\times 1\,000$$

3．百粒法

按国际种子检验规程，从净度分析后的净种子中分出一部分种子作为试验样品，每份试样100粒种子，8份重复，分别进行称重，其精确度同样可参考净度分析称重精确度部分（表2-1）。然后做相关计算及处理。

三、千粒法测定小麦千粒重的程序

1．取样

从经过净度分析，已除去杂质的净种子中数取试样。先将种子混合，然后不加选择地连续数取两份试样。可用电子自动数粒仪，也可用镊子、小括板手工数种。技能竞赛为手工数种。具体做法是把净度分析后的净种子倒在8开纸上，用分样直尺充分混合以作为千粒重的试验样品。

2．计数

不加选择地连续数取种子两份重复，每份重复1 000粒，数取熟练、规范，符合要求。

3．称量

种子千粒重的称重精确度（小数位数）因种子大小而不同，可参考净度分析称重精确度部分（表2-1）。按精确度的要求，选用适合天平称重。如两个重复的重量相差不超过5%，可用两个重复的平均数为其千粒重。如两个重复的重量之差超过容许差距时，应再数取第三个重复称重，取其差距最小的两个重复计算平均千粒重。

4．误差计算及处理

数取种子两个重复并称重后计算误差。计算公式为

$$误差(\%)=\frac{重复1-重复2}{两个重复的平均数}\times 100\%$$

如两份试样的误差超过容许差距，则再从剩在8开纸上的小麦种子中不加选择地数取第三个重复。

5．结果计算

（1）计算两个重复的平均值，计算公式为

$$平均千粒重=(千粒重1+千粒重2)/2$$

（2）结果保留两位小数。

（3）如数取了第三个重复，则取其差距最小的两份试样计算平均千粒重。

第四章　种子生活力的生化（四唑）测定

第一节　基础知识

一、种子活力概述

种子活力、种子生活力和发芽力是种子质量中三个既有区别又相互联系的概念，是种子播种品质“壮”的三种表示方法。

种子活力是指决定种子和种子批在发芽和出苗期间活性强度及该种子特征的综合表现，是在广泛的田间条件下种子的出苗能力及长成正常幼苗的全部潜在能力特性总称。

种子发芽力是指种子在适宜的实验室条件下发芽并长成正常幼苗的能力，通常以发芽率、发芽势表示。

二、种子生活力定义

种子生活力是指种子发芽的潜在能力或种胚具有的生命力，也指一批种子中具有生命力的种子数占种子总数的百分率。许多存在休眠的作物种子，如新收获的水稻、小麦等种子的发芽率一般很低，仅有10%～30%，但实际上这些种子具有生活力，只是处在休眠状态而暂时不发芽，所以在一个样品中全部有生活力的种子应包括能发芽的种子和暂时不发芽但有生命力的种子。如果在短期内急需了解种子发芽率或当某些样品在发芽末期尚有较多的休眠种子时，可应用生活力的生化法快速估测种子生活力。

三、种子生活力测定的目的和意义

在一般情况下，要了解种子有无生活力要做发芽试验。但在下列情况下，必须做种子生活力测定。

（1）休眠种子必须进行生活力测定。

（2）在短期内急需了解种子发芽率时，可应用生化法测定其生活力。

四、种子生活力生化测定的试剂

种子生活力测定的方法有休眠种子预措法、软 X-射线法、生物化学速测法等等。但正式列入国际种子检验规程和我国农作物种子检验规程的是生物化学速测法。生物化学速测法常用的有四唑染色法、靛红染色法、红墨水染色法等。下面介绍种子生活力生化测定的四唑染色法。

1．种子生活力生化测定的试剂——四唑盐

种子生活力四唑染色法所应用的试剂四唑盐种类很多，但最常用的是 2, 3, 5-氯化三苯基四氮唑，简称 TTC。目前常用四唑溶液浓度为 0.1%～1.0%（*m*/*V*）。通常 1.0% 溶液用于不切开胚的种子染色，而 0.1%～0.5% 溶液可用于已经切开胚的种子染色。配成的溶液须贮存在黑暗处或棕色瓶里。

2．配制四唑溶液的方法

方法一：称取 1 g 四唑盐类溶解于 1 000 mL 蒸馏水中即可获得 0.1% 浓度的四唑溶液。

方法二：用 pH 试纸检查所配制四唑溶液的 pH 值，如果用蒸馏水配制溶液的 pH 值不在 6.5～7.5 范围内，则采用磷酸缓冲液来配制。

（1）配制溶液Ⅰ。

称取 9.078 g 磷酸二氢钾溶解于 1 000 mL 蒸馏水中。

（2）配制溶液Ⅱ。

称取 9.472 g 磷酸氢二钠（NaH_2PO_4）或 11.876 g 两水磷酸氢二钠（$NaH_2PO_4 \cdot 2H_2O$）溶解于 1 000 mL 蒸馏水中。

（3）配制缓冲液。

取溶液Ⅰ 2 份和溶液Ⅱ 3 份混合即成缓冲液。

（4）配制四唑溶液。

在上面所配制缓冲液中溶解准确质量的四唑盐类即可获得相应浓度的四唑溶液。如 100 mL 缓冲液中溶入 1 g 四唑盐类即可获得 1% 浓度的四唑溶液。

五、四唑染色法测定原理

有生活力种子的胚细胞含有脱氢酶，具有脱氢还原作用，被种子所吸收的氯化三苯基四氮唑参与活细胞的脱氢还原作用，在活细胞里被还原成红色、稳定、不扩散和不溶于水的三苯基甲酯。

由于种子的死活和其某些组织内脱氢酶的有无、多少有着密切的关系，所以当四唑溶液进入种子时，有生命的组织因含有脱氢酶而放出氢离子，使四唑还原成红色的三苯基甲酯，故有生命的组织便成红色。但脱氢酶的存在是随着生命活动的减弱和死亡而逐渐消失的，因此，凡丧失生命的组织就因没有脱氢酶而不能着色。利用这一原理，据种子染色的部位和染色程度，就可判断其内部有关组织的死活，以确定种子的生活力。

第二节　测定程序

一、试样的数取

《农作物种子检验规程》规定：每次至少测定 200 粒种子，从经过净度分析后并充分混合的净种子中，随机数取 100 粒或少于 100 粒的若干重复。如果是测定发芽末期休眠种子的生活力，则单用试验末期的休眠种子。本实验只测定小麦种子的生活力，且试样为已经预处理过的小麦种子，所以只需用药匙从容器中拨出已经预处理过的种子，数取 50 粒作为一个重复，共四个重复。

二、种子的预湿预措

（1）预措：有些种子在预湿前须先除去种子的外部附属物（包括剥去果壳）和在种子非要害部位弄破种皮。

（2）预湿：在种子染色前为加快充分吸湿、软化种皮，便于提高染色的均匀度等而对种子进行的一种处理方式。小麦种子染色前就要预湿处理。其方法包括缓慢预湿和水中浸渍。缓慢预湿是将种子放在纸上或纸间吸湿，它适用于直接浸在水中容易破裂的种子，以及许多陈种子或过分干燥种子。另一种是水中浸渍，即将种子完全浸在水中，让其达到充分吸胀。它适用于直接浸入水中而不会造成组织破裂损伤的种子。详见表 4-1。

（3）小麦种子的预湿方法。小麦种子既可在纸间缓慢润湿，也可在水中浸渍。一般在 30 °C 恒温水中浸种 3 ~ 4 h 即可，也可在纸间湿润 12 h。

三、染色前的样品准备及处理

1．样品准备

为了使胚的主要构造和活的营养组织暴露出来，便于四唑溶液快速而充分地渗入和观察鉴定，预湿后的种子应进行样品准备。准备方法因种子构造和胚的位置不同而异。详见表 4-1。

2．小麦种子样品处理

禾谷类种子样品处理的方法为沿胚纵切。小麦的切种方法是，将软化后的麦粒腹沟朝下，用锋利的单面刀片沿胚部中心纵切，使种子分为两半，较完整的一半放入染色盘内，另一半抛弃不用。（技能竞赛时另一半应该保留以备评委检查）

四、染色和鉴定

1．染色

将已准备好的种子样品放入染色盘中，加入适宜浓度的四唑溶液以完全淹没种子，移入一定温度的黑暗控温设备或弱光下进行染色反应。染色时间因温度、种子种类、四唑溶液浓度、样品准备方法等而异。一般情况是，四唑溶液浓度高，则染色快，温度高，则染色快，但温度最高不能超过 45 °C。到达规定时间或染色已很明显时，倒去四唑溶液，用清水冲洗。

2．鉴定前处理

为了便于观察鉴定和计数，将已染色的种子样品，加以适当处理使胚的主要构造和活的营养组织明显暴露出来。不同种类的种子处理方法详见表 4-1。

表 4-1 农作物种子四唑染色技术规定

种（变种）名	预湿方式	预湿时间/h	染色前的准备	溶液浓度/%	35 °C染色时间/h	鉴定前的处理	有生活力种子允许不染色、较弱或坏死的最大面积	备注
小麦 大麦 黑麦	纸间或水中	30 °C恒温水中浸种 3~4 h，或纸间 12 h	纵切胚和 3/4 胚乳分离带质片的胚	0.1	0.5~1	a. 观察切面； b. 观察胚和盾片	a. 盾片上下任一端有 1/3 不染色； b. 胚根大部分不染色，但不定根原始体必须染色	盾片中央有不染色组织，表明受到热损伤
普通燕麦，裸燕麦	纸间或水中	30 °C恒温水中浸种 3~4 h，或纸间 12 h	a. 除去稃壳，纵切胚和 3/4 胚乳； b. 在胚部附近横切	0.1	0.5~1			
玉米	同上	同上	同上	同上	同上	a. 观察切面； b. 沿胚纵切	同上	同上
黍粟	同上	同上	纵切胚和大部分胚乳	0.1	同上	切开或撕开使胚露出	胚根，盾片上下任一端 1/3 不染色	同上
高粱	同上	同上	同上	同上	同上	观察切面	a. 胚根顶端 2/3 不染色； b. 盾片上下任一端 1/3 不染色	
水稻	纸间或水中	12 h	纵切胚和 3/4 胚乳	0.1	同上	观察切面	胚根顶端 2/3 不染色	必要时可除去内外稃

续表

种（变种）名	预湿方式	预湿时间/h	染色前的准备	溶液浓度/%	35 °C染色时间/h	鉴定前的处理	有生活力种子允许不染色、较弱或坏死的最大面积	备注
棉花	纸间	12 h	a. 纵切1/2种子； b. 切除部分种皮； c. 去掉胚乳遗迹	0.5	2～3	纵切	a. 胚根顶端1/3不染色； b. 子叶表面有小范围的坏死或子叶顶端1/3不染色	有硬实应划破种皮
甜荞、苦荞	纸间	6～8 h	无须准备	1.0	3～4	切开或除去种皮，掰开子叶，露出胚芽	a. 胚根顶端1/3不染色； b. 子叶表面有小范围的坏死	
菜豆、豌豆、绿豆、花生、大豆、豇豆、扁豆、蚕豆	纸间	6～8 h	无须准备	1.0	3～4	切开或除去种皮，掰开子叶，露出胚芽	a. 胚根顶端不染色，花生为1/3，蚕豆为2/3，其他种为1/2； b. 子叶顶端不染色，花生为1/4，蚕豆为1/3，其他为1/2； c. 除蚕豆外，胚芽顶部不染色1/4	
南瓜、丝瓜、黄瓜、西瓜、冬瓜、苦瓜、甜瓜、瓠瓜	纸间或水中	在20～30 °C水中浸6～8 h或纸间24 h	a. 纵切1/2种子； b. 剥去种皮； c. 西瓜用干燥布或纸揩擦，除去表面黏液	1.0	2～3 h，但甜瓜1～2 h	除去种皮和内膜	a. 胚根顶端不染色1/2； b. 子叶顶端不染色1/2	

续表

种（变种）名	预湿方式	预湿时间/h	染色前的准备	溶液浓度/%	35 °C染色时间/h	鉴定前的处理	有生活力种子允许不染色、较弱或坏死的最大面积	备注
白菜型油菜、不结球白菜、结球白菜、甘蓝型油菜、甘蓝花椰菜、萝卜、芥菜	纸间或水中	30 °C 温水中浸种 3～4 h 或纸间 5～6 h	a. 剥去种皮； b. 切去部分种皮	1.0	2～4	a. 纵切种子使胚中轴露出； b. 切除部分种皮使胚中轴露出	a. 胚根顶端 1/3 不染色； b. 子叶顶端有部分坏死	
葱属（洋葱、韭菜、葱、韭葱、细香葱）	纸间	12 h	a. 沿扁平面纵切，但不完全切开，基部相连； b. 切去子叶两端，但不损伤胚根及子叶	0.2	0.5～1.5	a. 撕开切口，露出胚； b. 切去一薄层胚乳，使胚露出	a. 种胚和胚乳完全染色； b. 不与胚相连的胚乳有少量不染色	
辣椒、甜椒、茄子	纸间或水中	在 20～30 °C 水中 3～4 h，或纸间 12 h	a. 在种子中心刺破种皮和胚乳； b. 切去种子末端，包括一小部分子叶	0.2	0.5～1.5	a. 撕开胚乳，使胚露出； b. 纵切种子使胚露出	胚和胚乳全部染色	
芫荽、芹菜、胡萝卜、茴香	水中	在 20～30 °C 水中 3 h	a. 纵切种子一半，并撕开胚乳，使胚露出； b. 切去种子末端 1/4 或 1/3	0.1～0.5	6～24	a. 进一步撕开切口，使胚露出； b. 纵切种子露出胚和胚乳	胚和胚乳全部染色	

续表

种（变种）名	预湿方式	预湿时间/h	染色前的准备	溶液浓度/%	35 °C染色时间/h	鉴定前的处理	有生活力种子允许不染色、较弱或坏死的最大面积	备注
苜蓿属草木樨属紫云英	水中	22 h	无须准备	0.5 ~ 1.0	6 ~ 24	除去种皮使胚露出	a. 胚根顶端1/3不染色； b. 子叶顶端1/3，如在表面可1/2不染色	
莴苣、茼蒿	水中	在30 °C水中浸2 ~ 4 h	a. 纵切种子上半部（非胚根端）； b. 切去种子末端包括一部分子叶	0.2	2 ~ 3	a. 切去种皮子叶使胚露出； b. 切开种子末端轻轻挤压，使胚露出	a. 胚根顶端1/3不染色； b. 子叶顶端1/3表面不染色，或1/3弥漫不染色	
向日葵	水中	3 ~ 4 h	纵切种子上半部或除去果壳	1.0	3 ~ 4	除去果壳	a. 胚根顶端1/3不染色； b. 子叶顶端表面1/2不染色	
甜菜	水中	18 h	a. 除去盖着种胚的帽状物； b. 沿胚和胚乳之界线切开	0.1 ~ 0.5	扯开切口，使胚露出			
菠菜	水中	3 ~ 4 h	a. 在胚和胚乳之边界刺破种皮； b. 在胚根和子叶之间横切	0.5 ~ 1.5	a. 纵切种子，使胚露出； b. 掰开切口，使胚露出			

3．观察鉴定

大中粒种子可直接用肉眼或借助手持放大镜观察，小粒种子最好用10～100倍体视显微镜观察。

要确定种子是否有生活力，必须根据胚的主要构造和有关活营养组织的染色情况进行正确判断，一般鉴定原则是，凡胚的主要构造或有关活营养组织（如葱属、伞形科和茄科等种子的胚乳）全部染成有光泽的鲜红色或染色最大面积大于有关规定，且组织状态正常的为正常有生活力的种子，否则为无生活力的种子。详见表4-1（有生活力种子允许不染色、较弱或坏死的最大面积）。

五、小麦种子生活力鉴定方法

1．小麦果实纵切面胚各部分的认识

准确认识小麦种子纵切面胚的子叶（盾片）、胚芽、胚轴、胚根等结构是正确判断种子有无生活力的基础，小麦种子纵切面胚各部分如图4-1所示。

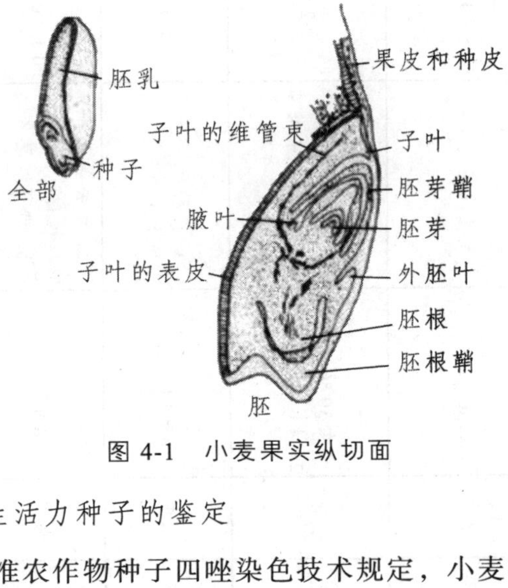

图4-1　小麦果实纵切面

2．小麦有生活力种子的鉴定

根据国家标准农作物种子四唑染色技术规定，小麦有生活力种子允许不染色、较弱或坏死的最大面积为：盾片上下任一端有1/3不染色，胚根大部分不染色，但不定根原始体必须染色。即除了盾片上下任一端

1/3 或胚根大部分不染色的为活种子外，胚的其他任何部位不染色的都为无生活力种子。如图 4-2、图 4-3 所示。

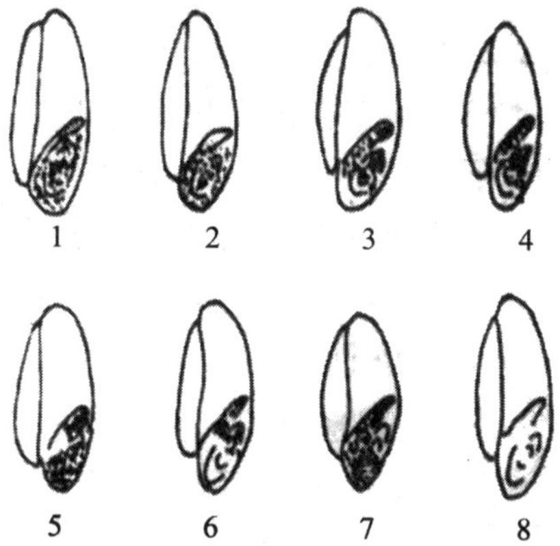

1～4 为有生活力种子；5～8 为无生活力种子。

图 4-2　小麦种子四唑染色图谱

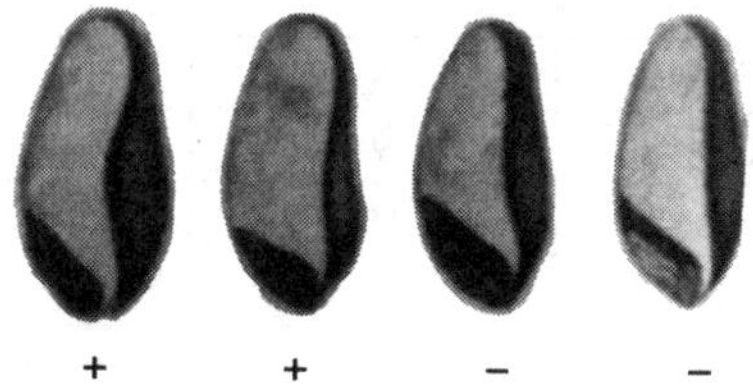

图中＋为有生活力种子，－为无生活力种子。

图 4-3　小麦生活力测定图谱

六、结果表示与报告

（1）计算各个重复的生活力，公式依次为

$$生活力\text{I}(\%)=\frac{有生活力种子数}{检测粒数}\times100\%$$

$$生活力\text{II}(\%)=\frac{有生活力种子数}{检测粒数}\times100\%$$

$$生活力\text{III}(\%)=\frac{有生活力种子数}{检测粒数}\times100\%$$

$$生活力\text{IV}(\%)=\frac{有生活力种子数}{检测粒数}\times100\%$$

（2）计算平均生活力，公式为

平均生活力(%)＝各重复生活力的和/4

（3）平均生活力应计算到最近似的整数。

（4）重复间最大允许差距不得超过国家标准生活力测定重复间的最大允许差距。求出4个重复的最大值与最小值的差，再求出平均生活力百分率，查表4-2，找出该实验平均生活力百分率所对应的生活力测定重复间最大允许差距，看实际差距是否超过规定。如超过规定差距，则须重做第二次试验。

表4-2 生活力测定重复间的最大允许差距

平均生活力百分率/%		重复间允许的最大差距		
1	2	4次重复	3次重复	2次重复
99	2	5	—	—
98	3	6	5	—
97	4	7	6	6
96	5	8	7	6
95	6	9	8	7
93～94	7～8	10	9	8
91～92	9～10	11	10	9
90	11	12	11	9
89	12	12	11	10
88	13	13	12	10
87	14	13	12	11
84～86	15～17	14	13	11
81～83	18～20	15	14	12
78～80	21～23	16	15	13
76～77	24～25	17	16	13
73～75	26～28	17	16	14
71～72	29～30	18	16	14
69～70	31～32	18	17	14
67～68	33～34	18	17	15
64～66	35～37	19	17	15
56～63	38～45	19	18	15
55	46	20	18	15
51～54	47～50	20	18	16

第五章　电子天平基础知识

一、认识电子天平

目前各级技能竞赛所选电子天平都是由美国奥豪斯生产的，型号一般为 SE402F 或 SE602F。其精度都为 0.01 g。SE402F 的量程为 400 g，SE602F 的量程为 600 g，外形如图 5-1 和 5-2 所示。

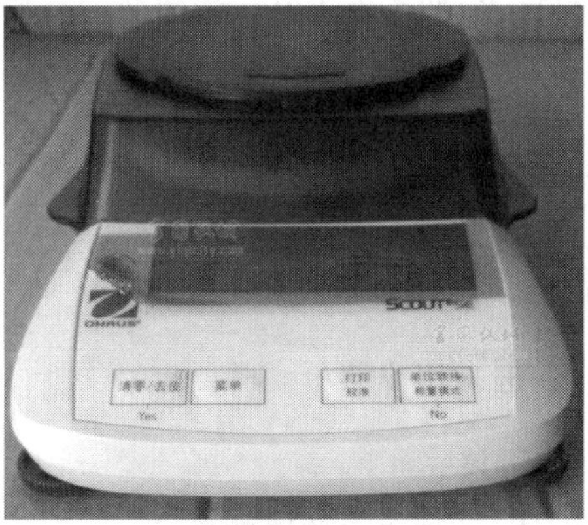

图 5-1　SE402F 电子天平外形

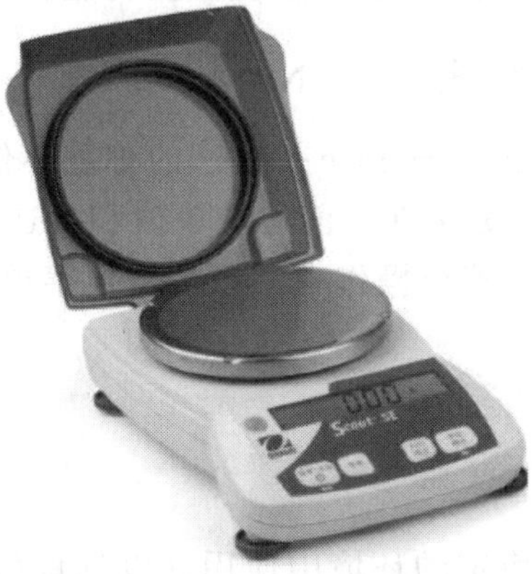

图 5-2　SE602F 电子天平外形

二、认识电子天平的按键

电子天平的控制面板如图 5-3 所示。

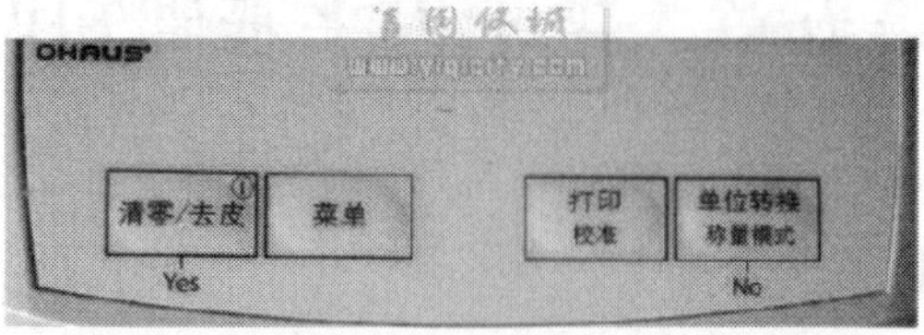

图 5-3　电子天平按键

1．“清零/去皮/Yes”键

（1）主功能（短按）：如果天平处于关机状态，则开机。如果天平处于称重状态，则清零/去皮。

（2）第二功能（长按）：关机。

（3）菜单功能：在菜单操作中，短按进入子菜单或者接受当前菜单选项。

2．“菜单”键

主功能（短按）：进入用户菜单。

3．“打印　校准”键

（1）主功能（短按）：打印当前读数。

（2）第二功能（长按）：启动量程校正功能。

4．“单位转换　称量模式　No”键

（1）主功能（短按）：选择下一可选的称重单位。

（2）第二功能（长按）：在当前称重单位和可选的称重模式之间切换。

（3）菜单功能：在菜单操作中，短按切换菜单选项。

三、电子天平的安装

1．使用场所的选择

天平应在清洁、稳定的环境中使用，以保证称量精确。请不要在温

度变化剧烈、有磁场或产生磁场的设备，气流较大或者有震动的环境中使用天平。在使用天平之前一定要调整水平。

2．运输保护装置、秤盘安装和校正锁定开关

（1）在使用天平之前必须打开运输保护装置。将运输保护装置滑动到解锁位置（见图 5-4）。

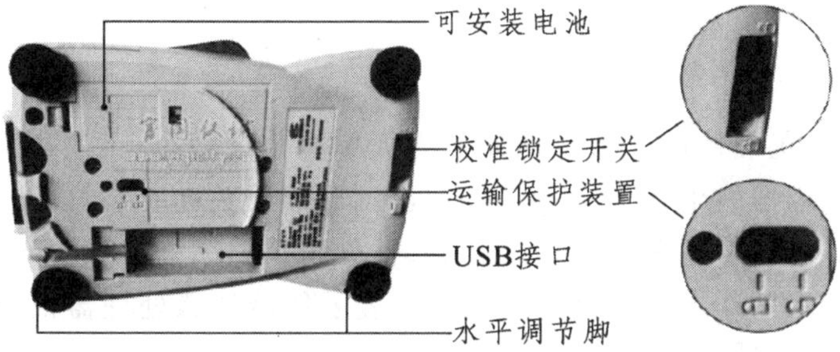

图 5-4　电子天平腹面

（2）校正锁定开关用于保护菜单设置以避免未经许可的修改。量程校正前将校正锁定开关滑动到解锁位置。

四、量程校正

（1）短按“清零/去皮”按键开机。

（2）长按“打印　校准”按键进入量程校正功能，当天平显示[CAL]时释放按键。天平将立即开始捕捉零点，同时显示[—C—]。

（3）零点捕捉完成后，天平显示需要加载的校正砝码重量。请在秤盘上放置所需砝码，短按“Yes”键，天平捕捉加载重量，同时显示[—C—]。加载点捕捉完成后，天平显示[DONE]，量程校正完成。

建议：在量程校正之前，预热天平五 min 可提高校正的精度。

（4）校正锁定开关用于保护菜单设置以避免未经许可的修改。量程校正完成后要把校正锁定开关滑动到锁定位置，以避免未经授权的菜单修改。

五、电子天平的使用

（1）调平：天平开机前，应观察天平后部水平仪内的水泡是否位于

圆环的中央，否则要通过天平的地脚螺栓调节，左旋升高，右旋下降。

（2）预热：天平在初次接通电源或长时间断电后开机时，至少需要30 min的预热时间。

（3）称量：短按“清零/去皮”按键开机。接通显示器；等待仪器自检。当显示器显示0.00时，自检过程结束，天平可进行称量。

（4）称量完毕，长按“清零/去皮”按键关机。

六、注意事项

（1）为正确使用天平，请您熟悉天平的几种状态。

① 显示器右上角显示O：表示显示器处于关断状态。

② 显示器左下角显示*：表示仪器处于待机状态，可进行称量。

③ 显示器左上角出现菱形标志：表示仪器的微处理器正在执行某个功能，此时不接受其他任务。

（2）天平在安装时已经过严格校准，故不可轻易移动天平，否则校准工作顺重新进行。

（3）严禁不使用称量纸直接称量，每次称量后，请清洁天平，避免对天平造成污染而影响称量精度，以及影响他人的工作。一旦物品撒落应及时小心清除干净。

（4）称量不得超过天平的最大载荷量，以免损坏天平。

（5）电子天平应处于水平状态。

（6）电子天平应按说明书的要求进行预热。

（7）经常保持天平室内的环境卫生，更要保持天平称量室的清洁。

（8）称量易挥发和具有腐蚀性的物品时，要盛放在密闭的容器内，以免腐蚀和损坏电子天平。

（9）放入天平的物体温度不宜太高以免损坏仪器一般温度≤70 °C。

（10）使用环境应避免有风或者阳光直射的地方。

表5-1 电子天平常见的故障和处理方法

现　象	可能原因	处理措施
无法开机	无电源； 电池没电或者安装错误	连接电源适配器； 重新安装电池或者更换电池

续表

现　象	可能原因	处理措施
读数不稳定	校正参数错误； 环境不稳定； 运输保护开关未打开； 秤盘接触杂物； 防风罩接触秤盘	校正天平； 在稳定的环境中使用天平； 打开运输保护开关； 清理秤盘周围的杂物； 检查秤盘是否安装正确，检查样品是否检出防风罩
校正失败	环境不稳定； 使用错误的校正砝码； 运输保护开关未打开； 校正锁定开关未打开； LFT 菜单设置为 ON	在稳定的环境中使用天平； 使用正确的砝码校正； 打开运输保护开关； 打开校正锁定开关； LFT 菜单设置为 OFF
Err 1	内部校验错误	重新开机
Err 2	超载或欠载	检查秤盘是否正确安装； 取下秤盘上的重物
Err 4	错误的校正砝码	使用正确的校正砝码
Err 8	RS232 缓冲区溢出	重新开机； 检查天平和计算机的通讯参数设置
Err 9	内部数据错误	联系奥豪斯公司或者授权经销商

第六章　种子水分测定简介

一、种子水分的含义

种子水分是指按规定程序把种子样品烘干所失去的重量，用失去的重量占供验样品原始重量的百分率表示。

二、种子水分测定的干燥原理

干燥箱内的电热丝通电发出的热，经过对流和传导，提高了箱内空气温度，降低了箱内湿度，同时提高了种子样品的温度，种子内的水分受热汽化而蒸发，由于样品内的蒸汽压大于样品外部的蒸汽压，因此样品内的水分不断向外扩散到热空气中去，并且通过烘箱顶部的通气孔不断地向大气中扩散。根据样品烘干后失去水分的重量，按照下列公式即可计算出样品的含水量。

$$\text{种子水分}=\frac{\text{试样烘前重(g)}-\text{试样烘后重(g)}}{\text{试样烘前重(g)}}\times 100\%$$

三、烘干减重法水分测定程序

1．铝盒恒重

（1）将铝盒和盒盖洗净，放入恒温箱中，于 130 °C 条件下烘干 1 h。

（2）取出铝盒及盖子，冷却后称重，记数。

（3）将铝盒和盒盖再次放入恒温箱烘干 30 min，取出后冷却，称重，记数。

（4）求两次烘干后结果的差，若小于或等于 0.002 g 时，求平均值，计为 m_1。否则继续烘干至恒重。

2．预调烘箱温度

按规定要求调好所需温度，使其稳定在 103 °C（上下浮动 2 °C）。

3．制备样品

（1）将密闭容器内的样品充分混合，从中分别取出两个独立的试样 15 ~ 25 g，放入磨口瓶中。

（2）需磨碎的样品按规定处理后立即装入磨口瓶中备用（见表 6-1）。

（3）剩余送验样品继续存入密闭容器。

4．称样烘干

（1）将磨口瓶内已处理的样品充分混合。

（2）铝盒编号，取 4.000 ~ 5.000 g 试样两份，分别放入恒重过的两个铝盒中（盒盖套于盒底下），用感量 0.001 g 的天平称重，摊平样品，将铝盒盒盖盖严，记为 m_2。

（3）待烘箱预热至 115 °C 左右时，打开铝盒盒盖（盒盖套于盒底下），放入烘箱中距离温度计 2 ~ 2.5 cm 处，立即关闭箱门。

（4）当箱内温度回升至规定温度（105 °C）时开始计时。

（5）烘干 8 h 后，戴好纱线手套，打开箱门，取出铝盒，迅速盖好盒盖，放在干燥器中冷却到室温，称重，记为 m_3。

5．结果计算

（1）公式：

$$种子水分=\frac{m_2-m_3}{m_2-m_1}\times 100\%$$

（2）结果保留小数点后一位。

表 6-1　必须磨碎的种子种类及磨碎细度

作物种类	磨碎细度
燕麦属、水稻、甜荞、苦荞、黑麦、高粱属、小麦属、玉米	至少有 50% 的磨碎成分通过 0.5 mm 筛孔的金属丝筛，而留在 1.0 mm 筛孔的金属丝筛子上不超过 10%
大豆、菜豆属、豌豆、西瓜、果菜属	需要细磨，至少有 50% 的磨碎成分通过 4.0 mm 筛孔
棉属、花生、蓖麻	磨碎或切成薄片

第二部分

实训指导

第七章　常见作物种子及杂质识别

实训一　小麦种子形态及净种子识别

一、实训目的

（1）观察小麦穗、小穗及种子标本，理解小麦净种子标准。

（2）能够熟练地把实验室提供的种子样品区分为净种子、其他植物种子和杂质。

二、实训材料和器具

镊子、8 开纸 1 张、直尺，培养皿，120 g 左右小麦种子，小麦小穗，各种颖果和超过（或小于）原来大小一半的破损颖果。

三、实训过程

（1）识别小麦净种子。根据小麦净种子定义（标准），观察小麦穗、小穗、颖果和超过（或小于）原来大小一半的破损颖果，以及未成熟的、瘦小的、带病的或发过芽甚至无胚的小麦种子，理解小麦净种子的定义，准确认识小麦净种子。

（2）小麦种子处理。对有颖片、内外稃包着颖果的小穗，以及附有不孕外稃，有内外稃包着的颖果进行正确处理，准确区分小麦净种子和杂质。

（3）把实验室提供的小麦种子样品和刚观察过的小穗及各种颖果倒在 8 开纸上，充分混合后用镊子把不属于小麦净种子的成分从中挑出到培养皿中，小麦净种子留在 8 开纸上。

（4）互相检查。同一试验台的两个同学间互换各自所分样品，检查疏漏，互相讨论。

实训二　常见作物种子形态及净种子识别（种子包括果皮及外部附属物）

一、实训目的

（1）观察粟和黍、燕麦、高粱的小穗及种子标本，理解不同植物的净种子标准。

（2）观察荞麦瘦果和菠菜的胞果标本，理解其净种子标准。

（3）能够熟练地把实验室提供的小麦种子样品区分为净种子、其他植物种子和杂质。

二、实训材料和器具

镊子、8 开纸 1 张、直尺，培养皿，120 g 左右小麦种子，粟和黍的小穗及种子标本，燕麦的小穗及种子标本，高粱的成对小穗及种子标本，正常荞麦瘦果及无果皮的荞麦瘦果标本，甜菜种子标本，无刺菠菜和有刺菠菜的胞果标本。

三、实训过程

1．粟类作物种子识别

（1）观察粟和黏的小穗标本，对照图 2-5 和图 2-6，认识粟和黍的小穗、颖片、不孕外稃等结构

（2）根据粟和黍的净种子定义（标准），观察其有颖片、内外稃包着颖果，并附有不孕外稃的小穗，由内外稃包着颖果的小花、颖果，超过（或小于）原来大小一半的破损颖果，理解其净种子的定义，准确认识粟和黍的净种子。

2．燕麦种子识别

（1）观察燕麦的由内外稃包着一个颖果并附有不育小花的小穗标本。

（2）观察燕麦的由内外稃包着颖果的小花标本。

（3）观察燕麦的由两个可育小花构成的小穗标本，并用镊子把他们分开成为两个种子单位。

（4）观察带有小穗柄的燕麦小穗标本，并用镊子把小穗柄除去。

3．高粱种子识别

（1）对照图 2-9，观察高粱的成对小穗标本，认识可育小穗和不育小穗。

（2）观察并比较高粱的成对小穗的有柄小穗和无柄小穗，若柄长不超过可育小穗，则不做处理，若柄长超过可育小穗，则用镊子将整个小穗柄除去列为杂质。

4．荞麦种子识别

（1）根据荞麦的净种子定义，观察实验室提供的正常荞麦瘦果，无果皮的荞麦瘦果，明显没有种子的荞麦瘦果，超过原来大小一半的破损荞麦瘦果，超过原来大小一半，果皮或种皮部分或全部脱落的种子等荞麦种子标本，理解荞麦净种子定义，准确区分荞麦净种子和杂质。

（2）观察大黄种子标本，认识大黄种子，理解其净种子定义。

5．菠菜种子识别

根据菠菜的净种子定义，观察实验室提供的无刺菠菜和有刺菠菜的胞果，明显没有种子的菠菜胞果，超过原来大小一半的破损菠菜胞果等菠菜种子标本。

（1）剥去菠菜的胞果果皮，观察无果皮的菠菜种子。

（2）对照菠菜净种子标准，正确理解并识别菠菜的净种子。

6．甜菜种子识别

（1）观察甜菜种子标本，认识甜菜种球。

（2）观察从甜菜的种球突出的附着断柄，看其是否超过种球宽度，若断柄突出长度超过种球的宽度时，将整个断柄除去作为杂质。

7．净种子、其他植物种子和杂质的区分

把实验室提供的小麦种子样品和刚观察过的几种作物种子各少量倒在 8 开纸上，充分混合后用镊子把其他植物种子和杂质从小麦净种子中挑出到不同的培养皿中，小麦净种子留在 8 开纸上。

8．互相检查

同一试验台的两个同学间互换各自所分样品，检查疏漏，互相讨论。

实训三　常见作物种子形态及净种子识别（种子包括果实全部）

一、实训目的

（1）观察多种植物种子标本，理解相关植物净种子标准，掌握鉴别净种子、其他植物种子和杂质的方法。

（2）能够熟练地把实验室提供的小麦种子样品区分为净种子、其他植物种子和杂质。

二、实训材料和器具

镊子、8开纸1张、直尺，培养皿，120 g左右小麦种子，芫荽、胡萝卜和茴香的种子标本，茼蒿与大麻种子标本，油葵和莴苣的瘦果标本。

三、实训过程

1．芫荽、胡萝卜和茴香种子的识别

（1）观察芫荽、胡萝卜和茴香的种子标本，认识这三种植物的种子。

（2）观察有或无果梗（任何长度和数量）的芫荽分果或分果爿，超过原来大小一半的破损分果爿以及果皮部分或全部脱落的种子，正确理解这三种植物的净种子定义。

2．茼蒿与大麻种子的观察

（1）根据菠菜的净种子定义，观察实验室提供的茼蒿与大麻种子标本。

（2）剥去茼蒿与大麻果实的果皮，观察无果皮的茼蒿与大麻种子。

3．油葵和莴苣种子的识别

（1）观察油葵和莴苣的瘦果标本。

（2）剥去油葵和莴苣瘦果的果皮，观察油葵的种子。

4．净种子、其他植物种子和杂质的区分

把实验室提供的小麦种子样品和刚观察过的几种作物种子各少量倒在 8 开纸上，充分混合后用镊子把其他植物种子和杂质从小麦净种子中挑出到不同的培养皿中，小麦净种子留在 8 开纸上。

5．互相检查

同一试验台的两个同学间互换各自所分样品，检查疏漏，互相讨论。

实训四　常见作物种子形态、净种子（包括种子全部）及杂质识别

一、实训目的

（1）观察多种植物种子标本，理解相关植物净种子标准，掌握鉴别净种子、其他植物种子和杂质的方法。

（2）观察多种杂质标本并能够熟练地把实验室提供的种子样品区分为净种子、其他植物种子和杂质。

二、实训材料和器具

镊子、8 开纸 1 张、直尺，培养皿，120 g 左右小麦种子，绿豆和兵豆种子标本，油菜和萝卜的种子标本，黄瓜、亚麻种子的标本，多种杂质标本。

三、实训过程

1．绿豆和兵豆种子的识别

（1）观察完整的绿豆和兵豆种子标本。

（2）剥去绿豆和兵豆种子的种皮，观察种皮完全脱落的绿豆和兵豆种子单位。

（3）理解并正确区别豆科植物的净种子和杂质。

2．油菜和萝卜种子的识别

（1）观察油菜和萝卜的种子。

（2）剥去油菜和萝卜种子的种皮，认识作为杂质的无种皮的油菜和萝卜种子。

3．黄瓜、亚麻等种子的识别

（1）观察黄瓜、亚麻等的种子。

（2）剥去黄瓜种子的种皮，认识作为杂质的无种皮的黄瓜种子。

4．认识杂质

观察小麦及其他植物种子标本，区分净种子和其他植物种子结构中的杂质。如脱下的不育小花、空的颖片、内外稃、稃壳、茎叶、秸秆、穗轴等。

观察真菌体（如麦角、菌核、黑穗病孢子团）、泥土、砂粒、石砾及其他非种子物质（如害虫、虫粪）。

5．净种子、其他植物种子和杂质的区分。

把实验室提供的小麦种子样品和刚观察过的几种作物种子及杂质标本各少量倒在 8 开纸上，充分混合后用镊子把其他植物种子和杂质从小麦净种子中挑出到不同的培养皿中，小麦净种子留在 8 开纸上。

6．互相检查

同一试验台的两个同学间互换各自所分样品，检查疏漏，互相讨论。

特别提醒

（1）同样是禾本科植物，小麦、黑麦和小黑麦的种子，如有小穗或颖果外包裹稃壳，则必须把稃壳和颖果剥离，稃壳划归杂质，颖果归净种子。而其他多数禾本科植物种子如有小穗或颖果外包裹稃壳，就不需要把稃壳和颖果剥离而全部划分为其他植物种子（或净种子）。燕麦属、早熟禾属和高粱属中，附着的不育小花不需除去而列为净种子（或其他植物种子）。

（2）大麻、荞麦、向日葵等瘦果，不管是否有果皮及种皮，只要大小超过 1/2，则全部为其他植物种子（或净种子）。也就是说，荞麦、向日葵等没有果皮甚至没有种皮的瘦果也是其他植物种子（或净种子）。

（3）豆科、十字花科中种皮完全脱落的种子单位应列为杂质。豆科种子单位的分离子叶，即使有胚芽和胚根的胚中轴，并超过原来大小一半的附属种皮，也应列为杂质。

（4）种皮完全脱落的种子，为原来大小的一半或不及一半的小麦碎粒，或其他植物种子碎粒、小花、颖片、稃片、稃壳、根叶、茎秆、球果、鳞片、果翅都是杂质。

思考题

（1）在禾本科植物中，哪些植物的种子如有小穗或颖果外包裹稃壳，则必须把稃壳和颖果剥离，稃壳划归杂质，颖果归净种子？

（2）对于多数禾本科植物种子，如有小穗或颖果外包裹稃壳时应该如何处理？

（3）对于大麻、荞麦、向日葵等瘦果，如果没有果皮甚至没有种皮，则在净度分析时如何处理？

（4）豆科、十字花科中种皮完全脱落的种子单位在净度分析时如何处理？如果豆科种子单位的分离子叶有胚芽和胚根的胚中轴，并超过原来大小一半的附属种皮，又应该如何处理？

（5）试列举种子分析时常见的杂质。

第八章　小麦种子净度分析

实训五　电子天平的使用

一、实训目的

（1）知道电子天平的主要按键及其功能。

（2）能够快速调平电子天平并用电子天平进行规范称重。

二、实训材料和器具

SE402F 或 SE602F 电子天平一台，无重型混杂物的 500 g 左右的小麦种子样品，烧杯。

三、实训操作

（1）认识电子天平的主要按键，熟练掌握“清零/去皮/Yes”键的用法。

（2）观察天平后部水平仪内的水泡，看是否位于圆环的中央。

（3）旋转天平的地脚螺栓，摸索地脚螺栓的旋转方向与天平升降的关系。

（4）旋转天平的地脚螺栓，摸索天平升降与水平仪内的水泡运动方向的关系。

（5）通过旋转天平的地脚螺栓对天平进行调平，反复训练，在训练中总结规律，提高速度。

（6）短按“清零/去皮”按键开机。当显示器显示 0.00 时，天平可进行称量。

（7）把烧杯放在电子天平上称重、清零。

（8）把无重型混杂物的 500 g 左右的小麦种子样品移入烧杯，称重，读数。

（9）把烧杯从电子天平上取下，清零。

（10）互换样品，反复进行称重训练。

实训六　试样分取

一、实训目的

能够熟练、正确、规范地采用四分法进行检验样品的分取。分取试样重量符合规定要求。

二、实训材料和器具

无重型混杂物的 500g 左右的小麦种子、分样直尺 2 把、细毛刷 1 把、8 开纸 1 张、16 开纸 2 张、SE602F 电子天平 1 台。

三、实训操作

（1）天平预热和调平。

（2）送验样品称重。

对无重型混杂物的 500 g 左右的小麦种子称量。

中等职业学校农业技能大赛《种子质量检测竞赛规程》中提供的送验样品是纸袋包装的无重型杂质的小麦种子 500 g 左右。检测前，应对其进行称重，并做好记录，结果保留 1 位小数。

（3）样品混合。

在实验台中间横放一张 8 开纸。将称量后的种子倒在 8 开纸上，先用直尺纵向混合，再横向混合，重复 4 ~ 5 次。

（4）试样分取。

① 在倒有种子的 8 开纸两侧各放一张 16 开纸。

② 将种子摊平成长方形或正方形，要求厚薄均匀。

③ 用直尺划两条对角线，使样品分成 4 个三角形。

④ 用两根直尺从一侧两角对角线方向延伸交汇于中心点，夹紧直尺向外拖，把 1/4 小麦种子拖到一侧的 16 开纸上。

⑤ 同样方法，把另一份 1/4 小麦种子拖到另一侧的 16 开纸上。

⑥ 把这两份 16 开纸上的小麦种子分别倒入种子袋中。

⑦ 把 8 开纸上剩下的小麦种子混匀，按上述方法再来一次四分法。

⑧ 把两份 16 开纸上的小麦种子仍然分别倒入种子袋中。最后 8 开纸上剩下的小麦种子就是分取的试样。

整个操作过程如图 8-1～图 8-3 所示：

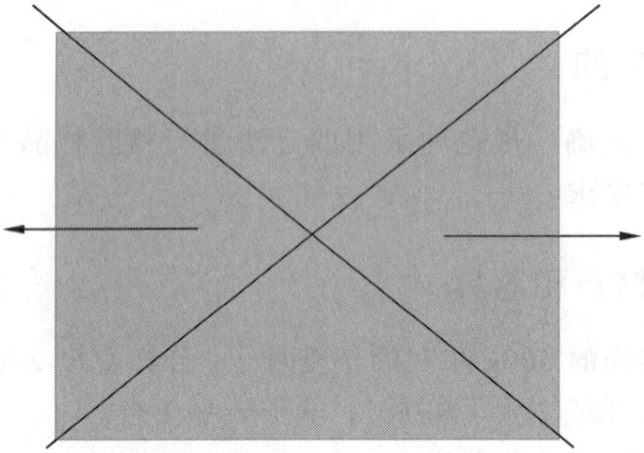

图 8-1　将种子摊平成长方形或正方形,要求厚薄均匀，用直尺划两条对角线，使样品分成 4 个三角形

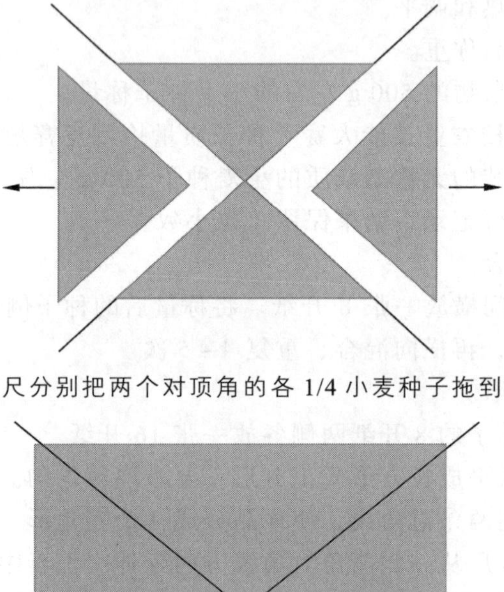

图 8-2　用两根直尺分别把两个对顶角的各 1/4 小麦种子拖到两侧的 16 开纸上

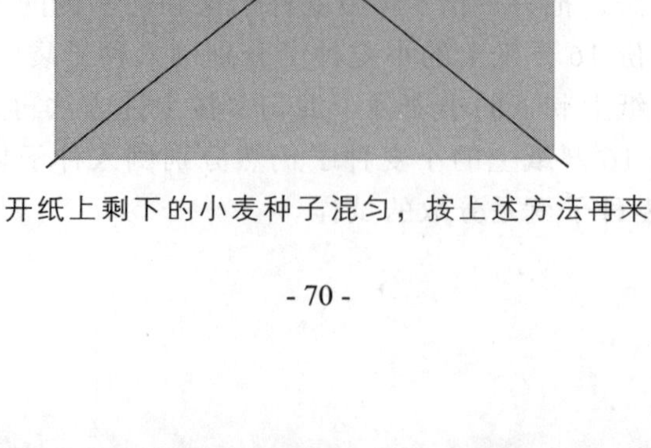

图 8-3　把 8 开纸上剩下的小麦种子混匀，按上述方法再来一次四分法

（5）称量。

① 把烧杯放在电子天平上称重、清零。

② 用直尺将试样拨到 16 开纸上，再用 16 开纸把试样移入烧杯、称重、计数。

③ 再次把烧杯从电子天平上取下，清零。

④ 把烧杯中的种子倒入种子袋中，再次训练。

（6）反复训练。

教师先示范操作，然后让学生练习，教师巡回指导，直到分取试样重量稳定在 120～130 g 并且每个学生都已经熟练掌握采用四分法分取试样的方法。要求小组成员互助，自己发现问题及时询问，他人有错误及时帮助指出纠正，组长负责点评。

四、实训报告

（1）要求学生不断地探索，提高自己的创新能力。通过合作探究、专题研讨等突破操作难点。以小组为单位共同总结出既快又好的操作方法。

（2）填写表 8-1 所示的检测记录表。

表 8-1　种子质量检测样品重记录表

参赛编号:________________　　比赛时间:　　年　　月　　日　　时

送验单位		产　地		
作物名称		送验样品重/g		
试样重				

思考题

某学生在对写有“500 g”左右字样的种子袋内的无重型杂质的小麦种子进行试样分取时，一开始就将种子倒在 8 开纸上后就直接进行四分法处理，结果分得试样 132 g。然后他在“送验样品重/g”一栏中填入了 500 g，“试样重”一栏中填入了 132 g。请指出他的操作过程中的失误？并说明应该怎么做？

特别提醒

中等职业学校农业技能大赛《种子质量检测竞赛规程》中提供的送验样品，是纸袋包装的无重型杂质的小麦种子 500 g 左右。检测前，应对其进行称重，并做好记录。选用精度 0.1 g 的天平称重，结果保留 1 位小数。很多参赛者没有对送验样品称重，就直接在原始记载表和结果报告单中的“送验样品重/g”栏目填写“500”字样（送验样品标签上标注的重量数）。这点必须提醒学生重视，应该根据称重结果在原始记载表和结果报告单中的“送验样品重/g”栏目填写如“500.0”“500.1”或“500.2”等。

技能竞赛评分标准对试样分取的要求是：正确采用四分法进行检验样品的分取。分取方法正确，操作规范、熟练，分取试样重量符合规定要求。该项占分 10 分。规程规定，检验员在接到送验样品后，检验前应进行样品的分取工作，利用适宜的分样器，经过多次混样、分样，取有代表性的规定数量的试验样品，然后再进行各个项目的分析、检验和鉴定工作。所以分取试样前对样品的混合很重要。

在分取试样时常见的问题之一是试样分得不均匀，分取试样的重量不在规定范围内。这主要是在试样混合后摊成的四边形形状不规则，不标准，厚薄不均匀。这都可能导致分取的样品大于 130 g 或者小于 120 g。另外用 2 把直尺从一侧两角对角线方向延伸交汇于中心点夹紧直尺向外拖的过程中，由于直尺的推动，使得位于中心点处堆积的小麦种子偏多而使试样大于 130 g。或者用直尺清理剩在操作面上的应拖出的两个夹角间的剩余种子时，过多地清除了应留下部分的种子，从而使试样小于 120 g。解决这些问题当然主要靠练习，要求操作者在平时的训练中必须不断地反复练习，力求摊成的四边形表面平整，分布厚薄均匀，边缘棱角整齐，形状规则。在不断练习中熟练掌握采用四分法分取试样的方法。

另外还有一种方法可以有效解决由于直尺的推动，使得位于中心点处堆积的小麦种子偏多的问题：用直尺分别沿两对角线按压划线，然后用一把直尽沿划线贯穿一条对角线，用另一把直尺分别沿另一条划线两侧各分离出 1/4 小麦种子到两侧的 16 开纸上，再把 16 开纸上的种子倒入种子袋中。剩余的种子再混合，再如上述操作一遍。

实训七　试样分析

一、实训目的

能够准确识别净种子、其他植物种子和杂质。

二、实训材料和器具

混有多种其他植物种子及杂质的质量在 120 ~ 130 g 之间的小麦种子、分样直尺 2 把、细毛刷、8 开纸 1 张、16 开纸 2 张、镊子。

三、实训操作

（1）把试样在 8 开纸上摊成规则的正方形，8 开纸右边上下各放一张 16 开纸。

（2）左手拿尺子、右手拿镊子对试样进行逐粒观察，用镊子分别把其他植物种子和杂质捡出到右边的 16 开纸上，净种子留在 8 开纸上。要求试样分得正确彻底。

（3）把分离到 16 开纸上的其他植物种子用 16 开纸移入培养皿。

（4）把分离到 16 开纸上的杂质用 16 开纸移入培养皿。

（5）用直尺将净种子拨到 16 开纸上，再用 16 开纸移入烧杯。

（6）净种子保留在烧杯中，其他植物种子和杂质保留在培养皿中，贴上标签并编号。

（7）对照保留在培养皿中的其他植物种子和杂质，并把各自的名称填写在记载表中（见表 8-2）。

（8）将已分离的三种试样成分再次混合后小组内互换，按上述步骤重做一次。

（9）互换试样的组员之间对照对方所填写的记载表和自己重做后的其他植物种子和杂质种类，互相查漏补缺。

注意：教师先示范操作，再让学生练习。在学生练习的过程中，教师一边巡回指导，一边结合上一任务对净种子、多种其他植物种子、杂质的识别训练，强调对各成分的判断标准。在第一轮试样分离完成后，让学生互相复查，挑同学识别错误的各种成分，直至每个学生都准确无误地把试样分离成净种子、其他植物种子和杂质三部分。

表 8-2　种子质量检测各成分名称记载表

送验单位		产　地	
作物名称		送验样品重重/g	
试样重/g			
其他植物种子种类			
杂质种类			

特别提醒

试样分离时的注意事项：

（1）当不同植物种之间区别困难或不可能区别时，则在填报其他植物种子时填报属名。

（2）分离时必须根据种子的明显特征，对样品中的各个种子单位进行仔细分析，并依据形态学特征、种子标本等加以鉴定。

（3）分离时可借助于放大镜等器具或用镊子施压，在不损伤发芽力的基础上进行检查。但当其他植物种子中有瘦果，分果等果实和种子时，只从表面加以检查，不用施压，也不用放大镜等仪器，从表面发现其中明显无种子的，则列入杂质。

（4）种皮或果皮没有明显损伤的种子单位，不管是空瘪或充实，均作为净种子或其他植物种子；若种皮或果皮有一个裂口，则必须判断留下的种子单位的部分是否超过原来大小的一半，如不能迅速地做出这种决定，则将种子单位列为净种子或其他植物种子。

（5）在整个实验过程中不要随便移动 8 开纸，也就是说移净种子，杂质和其他植物种子都应该用 16 开纸。

经验之谈

技能竞赛评分标准对试样分析的要求是：准确识别净种子、去除其他植物种子和杂质，保留各部分并编号，操作熟练，该项占分10分。试样分离的关键技术是准确识别净种子、其他植物种子和杂质，在实训一已经对小麦及一些常见植物的种子识别进行了练习，现就常见问题再做几点强调。这个过程中最常见的问题是对三种成分区分不准确，你中有我，我中有你。分离的准确与否直接关系着净度分析的结果，因此在进行这部分操作前必须严格掌握净种子、其他植物种子、杂质的判断标准。在试样分离时，须注意以下几点：

（1）分离时对试样进行逐粒观察，切忌用镊子同时夹取数粒种子或在操作面上用镊子成批拨动。对比较细小肉眼难于区分的成分需借助手持放大镜进行甄别。

（2）分离时必须依据小麦种子形态学特征进行鉴别，即使是未成熟种子、瘪粒种子，出芽种子、发霉种子、破损超过原来种子大小一半的都属于净种子。如有小穗或颖果外包裹稃壳，则必须把稃壳和颖果剥离，稃壳划归杂质，颖果归净种子。

（3）其他植物种子中的多数禾本科植物，如有小穗或颖果外包裹稃壳，就不需把稃壳和颖果剥离而全部划分为其他植物种子，但黑麦属和小黑麦属植物种子要剥离，和小麦种子一样处理。

（4）大麻、荞麦、向日葵等瘦果，不管是否有果皮及种皮，只要大小超过1/2，则全部划归其他植物种子。也就是说，荞麦、向日葵等没有果皮甚至没有种皮的瘦果也应该归入其他植物种子中。

（5）豆科，十字花科中种皮完全脱落的种子单位应列为杂质。豆科种子单位的分离子叶，即使有胚芽和胚根的胚中轴，并超过原来大小一半的附属种皮，也应列为杂质。

（6）种皮完全脱落的种子，为原来大小的一半或不及一半的小麦碎粒，或其他植物种子碎粒、小花、颖片、稃片、稃壳、根叶、茎秆、球果、鳞片、果翅、树皮、菌核、泥土、沙粒、石砾、种皮、羽毛、毛发等其他非种子物质等都应划归杂质类。

（7）还有一点必须强调，不管是试样分取还是试样分离，整个过程都切忌用手接触种子。

（8）另外试样分析还有一种方法：把试样在8开纸上摊成规则的正方形，稍微偏于右侧，8开纸右侧纵向放一张16开纸，8开纸下边放1张16开纸，左手拿刷子、右手拿镊子，对试样进行逐粒观察，用镊子把其他植物种子捡出到右边 16 开纸上，净种子拨到下边的 16 开纸上，用刷子把杂质刷到 8 开纸左边的空白处。

实训八　试样分析及电子天平的称重训练

一、实训目的

（1）能够规范、熟练地用天平称重。能够准确读取称量数值。

（2）能够快速进行试样分析。

二、实训材料和器具

混有多种其他植物种子及杂质的质量在 120 ~ 130 g 之间的小麦种子、分样直尺 2 把、镊子、细毛刷、8 开纸 1 张、16 开纸 2 张、电子天平、大小烧杯、培养皿。

三、实训操作

（1）天平调平，预热。

（2）试样分析。

把试样摊放在 8 开纸上，右边上下各放一张 16 开纸，左手拿直尺、右手拿镊子按照实训四的操作再进行一次试样分析，净种子仍然放在 8 开纸上，其他植物种子、杂质分别放在右边的 16 开纸上。

（3）称其他植物种子。

① 把培养皿放在电子天平上称重、清零。

② 把分离后的其他植物种子用 16 开纸移入培养皿，称重并把数据写在记载表上（见表 8-3）。

③ 把培养皿从电子天平上取下，清零。

④ 若赛场提供了称量纸，则用称量纸称重。

（4）称杂质。

① 把培养皿放在电子天平上称重、清零。

② 把分离后的杂质用 16 开纸移入培养皿，称重并把数据写在记载表上。

③ 把培养皿从电子天平上取下，清零。

④ 若赛场提供了称量纸，则用称量纸称重。

（5）称净种子。

① 把烧杯放在电子天平上称重、清零。

② 用直尺将净种子拨到 16 开纸上，再用 16 开纸移入烧杯，称重并把数据写在记载表上。

③ 把烧杯从电子天平上取下，清零。

（6）粘贴标签。

在三张标签上分别写上参赛号、样品名（净种子、其他植物种子、杂质）及结果，然后分别粘贴于烧杯壁和两个培养皿盖子的侧壁。

表 8-3　种子质量检测各成分质量记载表

送验单位		产　地			
作物名称		送验样品重/g			
类别	试样重/g	净种子/g	其他植物种子/g	杂质/g	各成分重量之和/g
全试样					
其他植物种子种类					
杂质种类					

特别提醒

在使用电子天平时要注意：

（1）进入操作间首先要接通电源对电子天平预热。打开开关并调至水平状态，一定要在电子天平开启状态下调平。调平的标准是电子天平水平仪水泡平稳地处于中间位置，示数 0.00 g。调平后就不要再轻易挪动电子天平调平时的位置。否则有可能使天平不在调平状态称重。

（2）每次称重前要把烧杯或培养皿或称量纸先放在电子天平上称重，归零。然后从电子天平上取下来后，把种子或杂质倒入烧杯或培养皿或称量纸，再放到电子天平上称重，计数。千万不能直接在电子天平上把种子倒入烧杯或培养皿。

（3）每次称量开始前和结束后都要注意对电子天平清零。一定要轻拿轻放天平。

（4）一般用烧杯称量净种子，用称量纸称量其他植物种子和杂质。若没有称量纸，则直接用培养皿称量其他植物种子和杂质。不要用烧杯称量其他植物种子和杂质，否则容易把细碎的其他植物种子和杂质粘在烧杯壁上。

（5）存在的主要问题还有：① 天平即开即关；② 显示不稳读数；③ 在还没有将电子天平调至水平状态下就称重或在称量过程中发现电子天平水平仪水泡没有处于中间位置或不平稳但仍然在称重；④ 把烧杯或培养皿或称量纸放在电子天平上称重前天平没有清零；⑤ 在称量过程中发现电子天平水平仪水泡没有处于中间位置或不平稳，称重时倾斜而又将天平调整，甚至清零，致使称量操作在前后两种不同状况下进行，导致称量结果不准确而影响分析结果。

知识拓展

近年来，一些省、市中等职业学校种子质量检测技能竞赛规程中，只提供精度 0.01 g 的天平（如 SE402F 或 SE602F）1 台。所以操作过程就不存在选择天平的问题，但规程对试样分离后各成分称重的精确度要求严格。2012 年农业类全国职业院校学生技能大赛中职组项目种子质量检测竞赛规程评分标准规定：针对不同重量样品选择适宜感量天平进行称重，操作规范、熟练，读数准确。这样就出现了操作过程中如何选择不同精度的天平的问题，下面就这一问题做一简单介绍。

若其中某成分（如小麦净种子）的重量是 100 g 以上，就要选用精度 0.1 g 的天平称量，结果保留 1 位小数。若其中某成分（如小麦千粒重）的重量是 10 g 以上，100 g 以下，就要选用精度 0.01 g 的天平称量，结果保留 2 位小数。若其中某成分（如其他植物种子和杂质）的重量是 1 g 以上，10 g 以下，就要选用精度 0.001 g 的天平称量，结果保留 3 位小数。如其中某成分的重量小于 1 g，则选用精度 0.000 1 g 的天平，结果保留 4 位小数。

实训九　小麦种子净度分析

一、实训目的

（1）熟练掌握种子净度分析程序和容许误差，能作结果报告。

（2）能够熟练进行小麦种子净度分析。

（3）能够熟练地写出计算公式，正确填写原始记载表和结果报告单。

（4）培养学生学农、爱农的情感；训练学生吃苦耐劳的劳动观念、劳动习惯、劳动能力；拓展学生学以致用的思维习惯和解决实际问题的信心。

二、实训材料和器具

无重型混杂物的 500 g 左右的小麦种子、分样直尺 2 把、细毛刷、8 开纸 1 张、16 开纸 2 张、电子天平、大小烧杯、培养皿、镊子。

三、实训操作

（1）天平调平、预热和送验样品称重。

把天平从盒中拿出，调平、预热。然后按实训三所述对送验样品进行称重并把结果写在原始记载表上（见表 8-4），最后混合种子。

（2）试样分取。

按实训三所述用四分法进行试样分取。

（3）试样称重。

按实训三所述对分取试样称重并把结果写在原始记载表上。

（4）试样分析。

按实训四、实训五所述进行试样分析。对各成分称重并把数据及分析后其他植物种子和杂质的名称填写在原始记载表上。

（5）填写标签并分别粘贴在烧杯壁和两个培养皿盖侧壁。

（6）求各成分重量和并填在原始记载表上。

表 8-4　种子质量检验净度分析原始记载表

<table>
<tr><td>送验单位</td><td colspan="2"></td><td>产　地</td><td colspan="3"></td></tr>
<tr><td>作物名称</td><td colspan="2"></td><td colspan="2">送验样品重/g</td><td colspan="2"></td></tr>
<tr><td rowspan="8">净度分析</td><td>类别</td><td>试样重/g</td><td>净种子/g</td><td>其他植物种子/g</td><td>杂质/g</td><td>各成分重量之和/g</td></tr>
<tr><td>全试样</td><td></td><td></td><td></td><td></td><td></td></tr>
<tr><td>增失差/%</td><td colspan="5"></td></tr>
<tr><td>其他植物种子种类</td><td colspan="2"></td><td>杂质种类</td><td colspan="2"></td></tr>
<tr><td rowspan="3">净度分析结果计算</td><td colspan="5">净种子/%</td></tr>
<tr><td colspan="5">其他植物种子/%</td></tr>
<tr><td colspan="5">杂质/%</td></tr>
</table>

（7）核查分析过程的重量增失，计算增失差。

① 将分析后的各种成分重量之和与原始重量比较，计算增失差。

② 若增失差距超过原始重量的 5%，则必须重做。

③ 在增失差计算结果后注明：符合小麦种子净度分析要求。

（8）计算三种成分的重量百分率，要求把计算公式和计算过程写在原始记载表上，计算结果保留一位小数。

（9）填写结果报告单和修约（见表 8-5）。

① 先检查各种成分百分率总和是否为 100.0%。如果其和是 99.9% 或 100.1%，则修约，在结果报告单中填修约值，并在修约值后注明：修约。若有重量百分率小于 0.05% 的成分则填报“微量”；若一种成分的结果为零，则填“—0.0—”。

② 在结果报告上注明：本报告只对送验样品负责。

表 8-5 种子质量检验净度分析结果报告单

<table>
<tr><td>送验单位</td><td colspan="2"></td><td>产地</td><td colspan="3"></td></tr>
<tr><td>作物名称</td><td colspan="2"></td><td>品种名称</td><td colspan="3"></td></tr>
<tr><td>送验样品重/g</td><td colspan="6"></td></tr>
<tr><td rowspan="2">净度分析</td><td>净种子/%</td><td></td><td>其他植物种子/%</td><td></td><td>杂质/%</td><td></td></tr>
<tr><td>其他植物种子种类</td><td colspan="2"></td><td>杂质种类</td><td colspan="2"></td></tr>
</table>

说明：净度分析后的净种子可进行发芽试验、生活力测定、重量测定和种子健康测定。如技能竞赛中用以千粒重测定的就是净度分析后的净种子。该实验完成后应该保留净种子待用。

常见问题及解决对策

（1）试样分得不均匀，分取试样的重量不在规定范围内。试样一定要摊成长宽相等的正方形或长方形，而且厚薄要一致。具体见实训三。

（2）试样分离得不干净，没有正确掌握净种子、杂质的标准，把大于一半种子、瘪粒种子混淆成杂质等。具体见实训四。

（3）电子天平使用中存在的问题见实训五。

（4）填写结果报告单时不注意小数位数、结果修约、小于 0.05% 和 0.0% 的表示方法等。

（5）在计算过程中常出现试样重与三种成分重之和相差较大的情况，其主要原因有：① 称量过程操作失误或用于称量的烧杯壁上沾有上一次称量留下的细碎杂质。② 在计算百分率时不是根据分离后三种成分重量之和计算，而是根据试样重量计算。③ 没有记准确相应的计算公式，张冠李戴。

经验之谈

本实训是在前面几个实训的基础上对净度分析过程的一次整体训

练，试样分取，试样分析及电子天平的使用等步骤的注意事项在前面几个实训中已经做了详尽的说明，这里再做几点补充。

（1）在做完试样分析并称量各成分重量后，一定先要计算增失差，若增失差≤5%，则符合净度分析要求，然后依公式计算净种子、其他植物种子和杂质的百分率。若增失差＞5%，则必须重做，填报重做的结果。计算时一定要写出计算公式，代入相应数据。计算完增失差后必须说明是否符合小麦种子净度分析要求。

（2）三种成分重量百分率必须保留一位小数。

（3）在填写原始记载表和结果报告单时，记住要在试样分离后就填写出其他植物种子种类的名称和杂质种类的名称 。如果其他植物种子不能确定种名的，可用属名。如一些芸薹属的种子青菜、白菜、油菜等我们用肉眼很难区别开，可直接填写“芸薹属”。

（4）原始记载表的填写最好用铅笔，以便填错时修改，结果报告单的填写必须用钢笔。再强调一遍，根据增失差计算结果，在原始记载表上必须说明是否符合小麦种子净度分析要求。

（5）若有重量大于1%的某种其他植物种子或某一类杂质，一定要单独挑出来称重并标记出来。

（6）称量结果的填写：根据国家重量计量标准，重量大于100 g的应保留一位有效数字；重量大于10 g而小于100 g的保留2位有效数字；重量大于1 g而小于10 g的保留3位有效数字 ；重量小于1 g的通常保留4位有效数字。由于电子天平的精度是0.00 g，因此需要四舍五入或补零达到计量要求。尤其重量大于1 g而小于10 g的和重量小于1 g的，一定要记着补零达到计量要求。

（7）根据三种成分计算结果，检查三种成分百分率之和是否为100.0%，如果其和是99.9%或100.1%，就要从最大值（通常是净种子部分）增减0.1%进行数值修约。在填结果报告单时，一定要在修约值后写“修约”二字。三种成分中，若有重量百分率小于0.05%的，在原始记载表中重量百分率保留一位有效数字，结果报告单中应填“微量”；若某一种成分不存在，其结果为零，在结果报告单中必须填写 “—0.0—”。

不管是在分段练习还是集中练习时，都要反复要求学生养成不让麦粒掉落、桌面保持整洁的好习惯，以提高自己的职业素养。

第九章 小麦种子千粒重测定

实训十 小麦种子千粒重测定

一、实训目的

（1）能够规范、熟练地从净度分析后并充分混合的净种子中取出种子作为千粒重的试验样品。

（2）能够快速地随机数取种子两个重复各 1 000 粒。且能够规范、熟练地进行天平称重操作，读数准确。

（3）能够计算两个重复的平均值并正确判断容许差距。

二、实训材料和器具

实训九所分取的净种子、分样直尺 2 把、细毛刷、8 开纸 1 张、16 开纸 2 张、电子天平、大小烧杯、培养皿、镊子。

三、实训操作

（1）天平预热。

把天平从盒中拿出，检查开关，接通电源，预热。打开天平开关，将电子天平调至水平状态。

（2）取样。

把净度分析后的净种子倒在 8 开纸上，用分样直尺充分混合以作为千粒重的试验样品。

（3）计数。

不加选择地连续数取种子两个重复，每个重复 1 000 粒。

① 把净种子充分混合后，均匀摊在 8 开纸上，用四分法把种子分成四份，每份数取 250 粒共 1 000 粒为第一个重复。

② 第一个重复称重后，再从剩在 8 开纸上的四份小麦种子中每份各数取 250 粒共 1 000 粒为第二个重复。

计算完误差后，如两份试样的重量之差超过容许差距，则再从剩在 8 开纸上的四份小麦种子中用同样的方法数取第三个重复。

把剩下的种子用 16 开纸移入原来盛净种子的烧杯中。

（4）称量。

① 把培养皿放在电子天平上称重、清零。

② 用 16 开纸把数取的第一个重复移入培养皿，称重，并把数据写在原始记载表上（或草稿纸上）。

③ 把装有种子的培养皿从电子天平上取下，清零。

④ 如前所述再次称第二个重复，并把数据写在原始记载表上（或草稿纸上）。

⑤ 如数取了第三个重复，则用同样的方法处理。

（5）粘贴标签。

在两张标签上分别写上参赛号、重复号及结果，然后分别粘贴于两个培养皿盖子的侧壁。

（6）计算。

① 正确判断容许差距，差数与平均数比较，写出计算过程，不超过 5%。

$$\text{误差}(\%)=\frac{\text{重复 I}-\text{重复 II}}{\text{两个重复的平均数}}\times 100\%$$

② 计算两个重复的平均值，把计算公式和计算结果写在原始记载表上（见表 9-1）。

$$\text{平均千粒重}=(\text{千粒重}1+\text{千粒重}2)/2$$

③ 保留两位小数。

④ 如数取了第三个重复，则取其差距最小的两份试样计算平均千粒重。

（7）填写原始记载表和结果报告单。

表 9-1　种子质量检验千粒重测定原始记载表

<table>
<tr><td rowspan="4">千粒重
测定</td><td>重复</td><td>I</td><td>II</td></tr>
<tr><td>重量/g</td><td></td><td></td></tr>
<tr><td>误差/%</td><td colspan="2"></td></tr>
<tr><td>结果计算</td><td colspan="2"></td></tr>
</table>

表 9-2 种子质量检验千粒重测定结果报告单

千粒重测定	千粒重/g:

特别提醒

（1）必须从净度分析后的净种子中取出种子作为千粒重的试验样品。
（2）试验样品一定要充分混合。

经验之谈

千粒重测定常见问题有：（1）天平不校准；（2）天平即开即关；（3）直接在天平上倒入种子；（4）不归零；（5）显示不稳读数；（6）天平不会使用；（7）标签粘贴错误；（8）种子掉出纸外；（9）损坏用具、桌面不整、地面不洁；（10）手直接接触种子；（11）挑大粒种子数；（12）每组粒数数错；（13）误差超过 5%；（14）只保留一位小数；等等。这些问题其实许多都是净度分析时存在的问题。如果前面的几个实验都能够规范操作，数种子耐心细致，按规范操作，千粒重测定应该基本没有什么问题，技能竞赛评分标准中要求随机数取两个重复各 1 000 粒种子。要做到“随机”应注意两点：① 对样品即净种子要充分混合，操作方法应和净度分析时对送验样品的混合一样。② 在数每一份试样时，一定要依次数，千万不能挑大粒种子数。

第十章　小麦种子生活力的生化（四唑）测定

实训十一　小麦种子生活力的生化（四唑）测定

一、实训目的

（1）能够熟练快速地切取小麦种子样品四个重复，切口平滑，切位正确。

（2）能够对种胚染色与否清楚分辨，并正确判断种子有无生活力。

（3）能够计算每个重复的生活力，并求出四个重复的平均值。

二、实训材料和器具

预湿的小麦种子、单面刀片、垫板、培养皿、镊子、滤纸、恒温箱、0.1% 四唑溶液、清水、烧杯、药匙、标签纸。

三、实训操作

（1）样品数取。

用药匙从容器中拨出预湿的小麦种子，数取 50 粒作为第一个重复。

（2）样品切取。

用镊子夹住小麦种子，使腹沟朝下，有胚的一端朝向持刀的手的方向，刀片从上往下沿胚中轴处纵切，再顺手把刀片往后一带。留较完整的一半作为样品。要求切口平滑，切位正确，操作熟练。

（3）样品切取后的处理。

① 将切好的种子样品 50 粒的一半作为样品放入培养皿中，盖好盖子。另一半移至滤纸一侧以留样并在滤纸上注明 1。

② 同样的方法切取另外三个重复并将切好的种子样品各 50 粒的一半分别放入三个培养皿中，盖好盖子。依次摆放。另一半分别移至另外三张滤纸一侧以留样并在滤纸上依次注明 2、3、4。

（4）标签准备。

在四张标签上分别写上参赛号和重复号备用。

（5）加注染色液和粘贴标签。

给四个培养皿中依次倒入染色液。每完成一个培养皿的染色液加注就要盖好盖子并粘贴标签于培养皿盖子的侧壁。

取下棕色试剂瓶的瓶盖，朝上放置于桌面。握试剂瓶时有标签的一面要朝向手心，加注染色液时培养皿要略微倾斜，使四唑溶液顺着培养皿壁流入培养皿中，加注量以刚好完全淹没种子为宜。加完染色液后轻摇培养皿，如果加注染色液量偏少，可用胶头吸管补充以保证染色液完全淹没种子。

（6）样品染色。

将加注了染色液并粘贴好标签的培养皿移置到 30 ~ 40 °C 恒温箱中染色，至染色很明显后取出。染色时间为 0.5 ~ 1 h（实际比赛时，染色时间为 0.5 h），染色时间与溶液浓度、染色温度、溶液放置时间、种子本身的活力（新种子、陈种子）有关。

（7）样品冲洗。

至染色很明显时把种子从恒温箱中取出，先倒掉染色液，再用清水冲洗 2 ~ 3 次，按编号分别将四个培养皿中的样品拨到相应的滤纸上。

（8）观察鉴定。

① 仔细观察，用肉眼或手持放大镜逐粒观察小麦胚部染色情况，仔细判断每一个样品生活力的有无。

② 用镊子将有活力种子和无活力种子放回培养皿并分开放置于其两侧，要求胚部朝上整齐摆放。每鉴定完一个重复即盖上盖子，将培养皿放到相应的一侧留有另一半未染色种子的滤纸上。四个重复鉴定完后将放有未染色种子和培养皿的滤纸整齐摆放于桌面。

（9）统计计算。

① 将观察结果填写在原始记载表中（见表 10-1）。

② 写出计算公式并计算各个重复的生活力。

$$生活力\text{I}(\%)=\frac{有生活力种子数}{检测粒数}\times 100\%$$

$$生活力\text{II}(\%)=\frac{有生活力种子数}{检测粒数}\times 100\%$$

$$生活力\text{III}(\%)=\frac{有生活力种子数}{检测粒数}\times 100\%$$

$$生活力\text{IV}(\%)=\frac{有生活力种子数}{检测粒数}\times 100\%$$

③ 计算平均生活力，公式为

$$平均生活力(\%)=\frac{各重复生活力的和}{4}$$

表 10-1　种子质量检测生活力测定原始记载表

种子生活力测定	重复	Ⅰ	Ⅱ	Ⅲ	Ⅳ
	检测粒数				
	有生活力种子数				
	种子生活力/%				
	平均种子生活力/%				

表 10-2　种子质量检验生活力测定结果报告单

种子生活力测定	种子生活力/%:

特别提醒

（1）样品冲洗时一定要注意防止种子掉入废液容器。

（2）千万不要用手接触种子，染色液是有毒的。

（3）每观察鉴定完一个培养皿中的种子染色情况后一定要记着盖上盖子再观察鉴定下一个培养皿中的种子染色情况，以防盖错盖子。

知识拓展

在2012年农业类全国职业院校学生技能大赛中职组项目——种子质量检测竞赛规程的评分标准中有这样的规定："重复间最大允许差距不超过规定。写出计算公式且结果正确，保留小数位数正确。"那么如何判断生活力测定重复间最大差距是否超过规定呢？就其判断方法简单介绍如下。

（1）求出重复间的最大差距，其计算公式为

生活力测定重复间的最大差距＝测定生活力最大值－测定生活力最小值

（2）求出平均生活力百分率，查表4-2，找出该实验平均生活力百分率所对应的生活力测定重复间最大允许差距，看实际差距是否超过规定。如超过规定差距，则需重做第二次试验。

第十一章　综合训练

一、基本内容

在规定时间内完成小麦种子的净度分析、千粒重测定和生活力的四唑测定。

1．小麦种子的净度分析

采用四分法从 500 g 左右的小麦送验样品（样品中无重型混杂物）中分取净度分析试验样品，并对全试样进行分析。

2．小麦种子的千粒重测定

用千粒法（人工计数）测定小麦种子的千粒重。

3．小麦种子生活力的四唑测定

用四唑（TTC）染色法测定已经过预处理的小麦种子的生活力。

二、实训目的

（1）能够正确采用四分法进行检验样品的分取。分取方法正确，操作规范、熟练，分取试样重量符合规定要求。

（2）能够规范、熟练地使用天平对检验样品、试样、试样分析后各成分及千粒重进行称重操作，读数准确。

（3）熟记三个项目所涉及的所有计算公式，能够准确计算且对所有数据正确处理，按规定保留小数位数。

（4）能够规范、熟练地进行千粒重取样、称重。

（5）能够正确，熟练地切取样品并进行规范染色，正确判断种胚染色与否。

（6）能够正确填写原始记载表和结果报告单。

三、设备及用具

恒温箱、塑料工具框 1 个、小烧杯 1 个（称量试样）、培养皿 8 个（千粒重称量及生活力测定）、单面刀片 1 把、镊子 1 把，小药匙 1 把、0.1% 四唑溶液 200 mL、手持放大镜 1 个、塑料垫板 1 个（用于生活力测定时种子切取）、分样直尺 2 把、小刷子 1 把、SE402F 或 SE602F 电子天平、小麦种子（500 g 左右/袋，贴有标签）、经过浸湿处理的小麦净种子 300 粒左右、原始记载表 1 份、结果报告单 1 份、稿纸 3 张、标签纸 1 大张、水芯笔 1 支、3H 铅笔 1 支、橡皮 1 块、计算器 1 个和白色实验工作服等。

四、实训程序

（1）天平预热和调平。

先从盒中把天平拿出，检查开关，接通电源，预热。开启天平，同时将电子天平调至水平状态。

（2）送验样品称重。

在实验桌中间横放一张 8 开纸。两侧各放一张 16 开纸，对送验样品称重后把种子倒到 8 开纸上。

（3）样品混合。

将倒在 8 开纸上的样品，先用直尺纵向混合，再横向混合，重复 4 ~ 5 次。

（4）试样分取。

严格按实训三所述进行试样分取并称量，操作规范，熟练，分取试样符合规定要求。

（5）试样分离。

8 开纸右边上下各放一张 16 开纸，试样称量后倒在 8 开纸上，左手拿直尺、右手拿镊子对试样进行逐粒观察，净种子仍然放在 8 开纸上，其他植物种子、杂质分别放在右边的 16 开纸上。要求试样分得正确彻底。

（6）把分离到 16 开纸上的其他植物种子用 16 开纸移入培养皿。称重，计数。

（7）把分离到 16 开纸上的杂质用 16 开纸移入培养皿。称重，计数。

（8）用直尺将净种子拨到 16 开纸上，再用 16 开纸移入烧杯。称重，计数。

（9）净种子保留在烧杯中，其他植物种子和杂质保留在培养皿中，贴上标签并编号。

（10）在原始记载表上填写其他植物种子和杂质名，求各成分重量和并填在原始记载表上（见表 11-1）。

（11）核查分析过程的重量增失，计算增失差，说明是否符合种子净度分析要求。

（12）计算三种成分的重量百分率，要求把计算公式和计算过程写在原始记载表上，计算结果保留一位小数。

（13）用药匙从容器中拨出已预处理过的种子，数取 50 粒作为第一个重复。

（14）样品切去。用镊子夹住小麦种子，使腹沟朝下，有胚的一端朝向持刀的手的方向，刀片从上往下沿胚中轴处纵切，再顺手把刀片往后一带。留较完整的一半作为样品。

（15）将切好的种子样品 50 粒的一半作为样品放入培养皿中，盖好盖子。另一半移至滤纸一侧以留样并在滤纸上注明 1。

（16）同样的方法切取另外三个重复并将切好的种子样品各 50 粒的一半分别放入三个培养皿中，盖好盖子。另一半分别移至三张滤纸一侧以留样并在滤纸上注明 2、3、4。要求切口平滑，切位正确，操作熟练。

（17）加注染色液。给四个培养皿中依次倒入染色液。每完成一个培养皿的染色液加注就要盖好盖子。

（18）粘贴标签。在四张标签上分别写上参赛号和重复号，然后依次分别粘贴于四个培养皿盖子的侧壁。

（19）样品染色。将加注了染色液并粘贴好标签的培养皿移置到 30 ~ 40 °C 恒温箱中染色。

（20）在将加注了染色液并粘贴好标签的培养皿移置到 30 ~ 40 °C 恒温箱中染色的过程中，把烧杯中净度分析后的净种子倒在 8 开纸上，用分样直尺充分混合以作为千粒重的试验样品。

（21）随机数取种子两个重复，每个重复 1 000 粒，数取熟练、规范，符合要求。根据实训七所介绍方法随机数取种子两个重复各 1 000 粒。

（22）称量。严格按照实训七所述对随机数取的两个重复进行称重，把数据写在原始记载表上。

（23）粘贴标签。在两张标签上分别写上参赛号、重复号及结果，然后分别粘贴于两个培养皿盖子的侧壁。

（24）计算并填写原始记载表。

① 正确判断容许差距，差数与平均数比较，写出计算过程，不超过 5%。

② 计算两个重复的平均值，写出计算公式且结果正确。

（25）染色 30 min 后，一般染色已很明显，这时可从恒温箱中取出培养皿。先倒掉染色液，再用清水冲洗 2 ~ 3 次，按编号分别将四个培养皿中的样品拨到相应的滤纸上。

（26）观察鉴定。仔细观察，用肉眼或手持放大镜逐粒观察小麦胚部染色情况。再将有活力种子和无活力种子分开放置于培养皿的两侧，要求胚部朝上整齐摆放。每鉴定完一个重复即盖上盖子，将培养皿放到相应的一侧留有另一半未染色种子的滤纸上。四个重复鉴定完后将放有未染色种子和培养皿的滤纸整齐摆放于桌面。

（27）统计计算。将观察结果填写在原始记载表中。写出计算公式并计算各个重复的生活力，再计算平均生活力。把计算公式和计算结果填写在原始记载表中。

（28）填写结果报告单和修约。

① 检查整个实验过程的原始记载表填写是否完备。按原始记载表填写结果报告单相关内容。如要填写出其他植物种子种类的名称和杂质种类的名称。

② 检查试样分析后三种成分百分率总和是否为 100.0%，若为 100.1% 或 99.9% 则要修约，并在修约值后写“修约”二字。三种成分中，若有重量百分率小于 0.05% 的，在原始记载表中重量百分率保留一位有效数字，结果报告单中应填“微量”；若某一种成分不存在，其结果为零，在结果报告单中必须填写“—0.0—”。

③ 当测定某一类杂质或某一种其他植物种子的重量百分率达到或超过 1% 时，该种类要单独挑出来称重并标记出来，在结果报告单上注明。

④ 若扦样是另一检验机构或个人进行，则应在结果报告上注明：“只对送验样品负责。”

（29）整个实验完成后，收拾桌面。将用过的工具全部放入工具框中开始取用时所在地方，将净度分析，千粒重测定及生活力测定各样品整体摆放，擦拭桌面，使整个实验场所整洁。

五、实训报告

表 11-1　种子质量检验项目原始记载表

<table>
<tr><td>送验单位</td><td colspan="2"></td><td colspan="2">产　地</td><td colspan="2"></td></tr>
<tr><td>作物名称</td><td colspan="2"></td><td colspan="2">送验样品重/g</td><td colspan="2"></td></tr>
<tr><td rowspan="7">净度分析</td><td>类别</td><td>试样重/g</td><td>净种子/g</td><td>其他植物种子/g</td><td>杂质/g</td><td>各成分重量之和/g</td></tr>
<tr><td>全试样</td><td></td><td></td><td></td><td></td><td></td></tr>
<tr><td>增失差/%</td><td colspan="5"></td></tr>
<tr><td>其他植物种子种类</td><td colspan="2"></td><td>杂质种类</td><td colspan="2"></td></tr>
<tr><td rowspan="3">净度分析结果计算</td><td colspan="5">净种子/%</td></tr>
<tr><td colspan="5">其他植物种子/%</td></tr>
<tr><td colspan="5">杂质/%</td></tr>
<tr><td rowspan="4">千粒重测定</td><td>重复</td><td colspan="2">Ⅰ</td><td colspan="3">Ⅱ</td></tr>
<tr><td>重量/g</td><td colspan="2"></td><td colspan="3"></td></tr>
<tr><td>误差/%</td><td colspan="5"></td></tr>
<tr><td>结果计算</td><td colspan="5"></td></tr>
<tr><td rowspan="5">种子生活力测定</td><td>重复</td><td>Ⅰ</td><td>Ⅱ</td><td>Ⅲ</td><td colspan="2">Ⅳ</td></tr>
<tr><td>检测粒数</td><td></td><td></td><td></td><td colspan="2"></td></tr>
<tr><td>有生活力种子数</td><td></td><td></td><td></td><td colspan="2"></td></tr>
<tr><td>种子生活力/%</td><td></td><td></td><td></td><td colspan="2"></td></tr>
<tr><td>平均种子生活力/%</td><td colspan="5"></td></tr>
</table>

填报日期：　　年　　月　　日

表 11-2 种子质量检验结果报告单

<table>
<tr><td>送验单位
作物名称</td><td colspan="2"></td><td>产地
品种名称</td><td colspan="3"></td></tr>
<tr><td>送验样品重/g</td><td colspan="2"></td><td></td><td colspan="3"></td></tr>
<tr><td rowspan="2">净度分析</td><td>净种子/%</td><td></td><td>其他植物种子/%</td><td></td><td>杂质/%</td><td></td></tr>
<tr><td>其他植物种子种类</td><td colspan="2"></td><td>杂质种类</td><td colspan="2"></td></tr>
<tr><td>千粒重测定</td><td colspan="6">千粒重/g:</td></tr>
<tr><td>种子生活力测定</td><td colspan="6">种子生活力/%:</td></tr>
</table>

填报日期：　　年　　月　　日

特别提醒

（1）凡是赛场上提供的仪器设备都要用到。

（2）填写原始数据记载表时，若有铅笔则用铅笔；填写结果报告单必须用水笔或钢笔。为了避免伪造数据的嫌疑，填表前最好在草稿纸上汇总好相关数据，填表数据尽可能一次写成，不要粘贴和涂改。

（3）结果报告单书写规范正确、卷面清洁。

（4）在下列常见问题中要特别注意：① 标签粘贴不正确；② 溶液瓶握法不正确；③ 加注染色液方法不正确；④ 加注量不合理；⑤ 种子掉入废液容器；⑥ 观察鉴别时不能正确识别、观察不认真；⑦ 摆放不整齐、器具随便乱放；⑧ 桌面上染色液、水到处是；⑨ 观察鉴定后培养皿不盖起来或盖错盖子。

附　录

附录 1：净种子定义细则（GB/T 3543.3—1995 中的附录 A）

1. 大麻属（*Cannabis*）、茼蒿属（*Chrysanthemum*）、菠菜属（*Spinacia*）

瘦果，但明显没有种子的除外。

超过原来大小一半的破损瘦果，但明显没有种子的除外。

果皮/种皮部分或全部脱落的种子。

超过原来大小一半，果皮/种皮部分或全部脱落的破损种子。

2. 荞麦属（*Fagopyrum*）、大黄属（*Rheum*）

有或无花被的瘦果，但明显没有种子的除外。

超过原来大小一半的破损瘦果，但明显没有种子的除外。

果皮/种皮部分或全部脱落的种子。

超过原来大小一半，果皮/种皮部分或全部脱落的破损种子。

3. 红花属（*Carthamus*）、向日葵属（*Helianthus*）、莴苣属（*Lactuca*）、雅葱属（*Scorzonera*）、婆罗门参属（*Tragopogon*）

有或无喙（冠毛或喙和冠毛）的瘦果（向日葵属仅指有或无冠毛），但明显没有种子的除外。

超过原来大小一半的破损瘦果，但明显没有种子的除外。

果皮/种皮部分或全部脱落的种子。

超过原来大小一半，果皮/种皮部分或全部脱落的破损种子。

4. 葱属（*Allium*）、苋属（*Amaranthus*）、花生属（*Arachis*）、石刁柏属（*Asparagus*）、黄芪属（紫云英属）（*Astragalus*）、冬瓜属（*Benincasa*）、芸薹属（*Brassica*）、木豆属（*Cajanus*）、刀豆属（*Canavalia*）、辣椒属（*Capsicum*）、西瓜属（*Citrullus*）、黄麻属（*Corchorus*）、猪屎豆属（*Crotalaria*）、甜瓜属（*Cucumis*）、南瓜属（*Cucubita*）、扁豆属（*Dolichos*）、

大豆属（*Glycine*）、木槿属（*Hibiscus*）、甘薯属（*Ipomoea*）、葫芦属（*Lagenaria*）、亚麻属（*Linum*）、丝瓜属（*Luffa*）、番茄属（*Lycopersicon*）、苜蓿属（*Medicago*）、草木樨属（*Melilotus*）、苦瓜属（*Momordica*）、豆瓣菜属（*Nastartium*）、烟草属（*Nicotiana*）、菜豆属（*Phaseolus*）、酸浆属（*Physalis*），豌豆属（*Pisum*）、马齿览属（*Portulaca*）、萝卜属（*Raphanus*）、芝麻属（*Sesamum*）、茄属（*Solanum*）、巢菜属（*Vicia*）、豇豆属（*Vigna*）

有或无种皮的种子。

超过原来大小一半，有或无种皮的破损种子。

豆科、十字花科，其种皮完全脱落的种子单位应列为杂质。

即使有胚中轴、超过原来大小一半以上的附属种皮，豆科种子单位的分离子叶也列为杂质。

5．棉属（*Gossypium*）

有或无种皮、有或无绒毛的种子。

超过原来大小一半，有或无种皮的破损种子。

6．蓖麻属（*Ricimus*）

有或无种皮、有或无种阜的种子。

超过原来大小一半，有或无种皮的破损种子。

7．芹属（*Apium*），芫荽属（*Coriandrum*）、胡萝卜属（*Daucus*）、茴香属（*Foeniculum*）、欧防风属（*Pastinaca*）、欧芹属（*Petroselinum*），茴芹属（*Pimpinella*）

有或无花梗的分果/分果爿，但明显没有种子的除外。

超过原来大小一半的破损分果爿，但明显没有种子的除外。

果皮部分或全部脱落的种子。

超过原来大小一半，果皮部分或全部脱落的破损种子。

8．大麦属（*Hordeum*）

有内外稃包着颖果的小花，当芒长超过小花长度时，须将芒除去。

超过原来大小一半，含有颖果的破损小花。

颖果。

超过原来大小一半的破损颖果。

9．黍属（*Panicum*）、狗尾草属（*Setaria*）

有颖片、内外稃包着颖果的小穗，并附有不孕外稃。

有内外稃包着颖果的小花。

颖果。

超过原来大小一半的破损颖果。

10. 稻属（*Oryza*）

有颖片、内外稃包着颖果的小穗，当芒长超过小花长度时，需将芒除去。

有或不孕外稃，有内外稃包着颖果的小穗，当芒长超过小花长度时，需将芒除去。

有内外稃包着颖果的小花，当芒长超过小花长度时，需将芒除去。

颖果。

超过原来大小一半的破损颖果。

11. 黑麦属（*Secale*）、小麦属（*Triticum*）、小黑麦属（*Triticosecale*）、玉米属（*Zea*）

颖果。

超过原来大小一半的破损颖果。

12. 燕麦属（*Avena*）

有内外稃包着颖果的小穗，有或无芒，可附有不育小花。

有内外稃包着颖果的小花，有或无芒。

颖果。

超过原来大小一半的破损颖果。

注：① 由两个可育小花构成的小穗，要把它们分开。

② 当外部不育小花的外稃部分地包着内部可育小花时，这样的单位不必分开。

③ 从着生点除去小柄。

④ 把仅含有子房的单个小花列为杂质。

13. 高粱属（*Sorghum*）

有颖片、透明状的外稃或内稃（内外稃也可缺乏）包着颖果的小穗，有穗轴节片、花梗、芒，附有不育或可育小花。

有内外稃的小花，有或无芒。

颖果。

超过原来大小一半的破损颖果。

14. 甜菜属（*Beta*）

复胚种子:用筛孔为 1.5 mm × 20 mm 的 200 mm × 300 mm 的长方形

筛子筛理 1 min 后留在筛上的种球或破损种球（包括从种球突出程度不超过种球宽度的附着断柄），不管其中有无种子。

遗传单胚：种球或破损种球（包括从种球突出程度不超过种球宽度的附着断柄），但明显没有种子的除外。

果皮/种皮部分或全部脱落的种子。

超过原来大小一半，果皮/种皮部分或全部脱落的破损种子。

注 当断柄突出长度超过种球的宽度时，须将整个断柄除去。

15. 薏苡属（*Coix*）

包在珠状小总苞中的小穗（一个可育，两个不育）。

颖果。

超过原来大小一半的破损颖果。

注：可育小穗由颖片、内外稃包着的颖果、并附有不孕外稃所组成。

16. 罗勒属（*Ocimum*）

小坚果，但明显无种子的除外。

超过原来大小一半的破损小坚果，但明显无种子的除外。

果皮/种皮部分或完全脱落的种子。

超过原来大小一半，果皮/种皮部分或完全脱落的破损种子。

17. 番杏属（*Tetragonia*）

包有花被的类似坚果的果实，但明显无种子的除外。

超过原来大小一半的破损果实，但明显无种子的除外。

果皮/种皮部分或完全脱落的种子。

超过原来大小一半，果皮/种皮部分或完全脱落的破损种子。

附录 2：2018 年甘肃省中等职业学校学生技能大赛种子质量检测项目竞赛规程

一、比赛范围与参赛对象

全省涉农中等职业学校（含职业高中、农业广播电视学校）种植类相关专业在籍学生。

二、比赛组织机构

在大赛执委会统一领导下，由种子质量检测比赛项目组全面负责比赛组织、实施和协调工作。

项目组组长：蔡伟（甘肃农业职业技术学院农业技术系主任）
联系电话：0931-4682651　　18194289079
E-mail：nyjsx_2004@126.com

三、比赛内容与要求

比赛以国家职业标准《农作物种子繁育员》（四级）规定的知识和技能要求为基础，结合技能型人才培养要求和农业生产岗位需要，参照国家标准《农作物种子检验规程》和劳动部《国家职业技能鉴定规范》的有关标准，结合种植类及相关专业教学的实施，适当增加新知识、新技术、新技能等相关内容进行比赛。比赛采取理论知识考试和操作技能考核相结合的方式进行，其中理论知识部分占 20%，操作技能部分占 80%。具体内容和要求如下：

（一）理论知识考试（考试时间为 1 小时）

按国家职业标准《农作物种子繁育员》（四级）规定的应知要求，采取闭卷考核方式进行。

（二）操作技能比赛

1. 比赛内容

在规定时间内完成作物种子的净度分析、测定作物种子的千粒重、快速测定作物种子生活力。

（1）小麦种子的净度分析。

采用四分法从 500 g 左右的小麦送验样品（样品中无重型混杂物）中分取净度分析试验样品，并对该试样进行分析。

（2）小麦种子的千粒重测定。

用千粒法（人工计数）测定小麦种子的千粒重。

（3）小麦种子生活力的四唑测定。

用四唑（TTC）染色法测定已预处理的小麦种子生活力。

2. 比赛时间：150 分钟。

四、比赛规则和注意事项

（一）比赛规则

1. 参加理论考试与操作技能考试的参赛学生必须持本人身份证与参赛证参加比赛。

2. 参赛选手出场顺序、位置、比赛所用材料、工具由抽签决定，不得擅自变更、调整。

3. 参赛选手提前 15 分钟检录进入赛场，并按照指定位号参加比赛。迟到 15 分钟者，取消比赛资格；比赛开始 15 分钟后，选手方可离开赛场。

4. 种子质量检测项目选手应在比赛试卷或实物标签上填写比赛号。试卷（或实物标签）上不得有任何暗示选手身份的记号和符号，否则取消成绩。

5. 选手在比赛过程中不得擅自离开赛场，如有特殊情况，需经裁判同意。选手若需休息、饮水或去洗手间等，耗用时间计算在比赛时间内。

6. 比赛在规定时间结束时，参赛选手应立即停止操作，不得以任何理由拖延比赛时间。

选手操作完成后，在《实际操作现场记录表》上签名确认，方可离开赛场。

（二）注意事项

1. 参赛对象必须是在籍学生。

2. 参赛选手须按规定的时间报到、比赛。

3. 参赛选手不得穿有学校标识的服装。

4. 比赛所用材料、仪器、工具均由承办单位提供。

5. 遵守纪律，尊重评委，服从指挥。

五、成绩评定

根据理论考试和操作技能考核综合确定成绩。操作技能评分由该项目组评委统一评分，考核要点与分值如下：

种子质量检测项目考核要点与分值

序号	考核内容		考核要点	分值
1	小麦种子的净度分析	试样分取	正确采用四分法进行检验样品的分取。分取方法正确，操作规范、熟练，分取试样重量符合规定要求	10
		试样分析	正确识别净种子、去除其他植物种子和杂质，保留各部分并编号，操作熟练	10
		称量	天平称重操作规范、熟练，读数准确	7
		计算	写出计算公式和计算过程且结果正确	10
		文明操作与安全	操作文明、安全，场地整洁	3
2	测定小麦种子的千粒重	取样	从净度分析后并充分混合的净种子中取出种子作为千粒重的试验样品，取样操作规范、熟练	3
		计数	随机数取种子 2 个重复，每个重复 1 000 粒；数取熟练、规范，符合要求	7
		称量	天平称重操作规范、熟练，读数准确	7
		计算	计算 2 个重复的平均值，正确判断容许差距，写出计算公式且结果正确	10
		文明操作与安全	操作文明、安全，场地整洁	3
3	快速测定小麦种子生活力	样品切取	切取样品 4 个重复，每个重复 50 粒，切口平滑，切位正确，操作熟练	10
		样品染色	将已准备好的种子样品放入染色盘中，加入适量染色试剂，并移置 30～40 °C 恒温箱中进行染色反应，至染色很明显后取出并冲洗；操作熟练、规范	7
		观察鉴定	种胚染色与否分辨清楚，判断正确	7
		统计计算	写出计算公式且结果正确	3
		文明操作与安全	操作文明、安全，场地整洁	3
合计				100

六、申诉与仲裁

1. 参赛选手对不符合比赛规定的实验材料，有失公正的检测、评判、奖励，以及对工作人员的违规行为等，均可提出申诉。

2. 选手申诉均须通过本代表队领队，在本赛项结束后 1 小时内以书面形式向大赛执委会仲裁组提出。仲裁组将认真负责地受理选手申诉，并将处理意见通知领队和当事人。

3. 大赛执委会仲裁组的裁决为最终裁决。参赛选手不得因申诉或对处理意见不服而停止比赛，否则按弃权处理。

七、其他

本比赛办法与规则的最终解释权归技能大赛执行委员会。

附：种子质量检验原始记载表和结果报告单

2018 年甘肃省中等职业学校农业职业技能大赛

种子质量检验项目原始记载表

参赛编号：____________　　比赛时间：　　年　　月　　日　　时

<table>
<tr><td>送验单位</td><td colspan="2"></td><td>产　地</td><td colspan="3"></td></tr>
<tr><td>作物名称</td><td colspan="2"></td><td colspan="2">送验样品 m/g</td><td colspan="2"></td></tr>
<tr><td rowspan="7">净度分析</td><td>类别</td><td>试样重/g</td><td>净种子/g</td><td>其他植物种子/g</td><td>杂质/g</td><td>各成分重量之和/g</td></tr>
<tr><td>全试样</td><td></td><td></td><td></td><td></td><td></td></tr>
<tr><td>增失差/%</td><td colspan="5"></td></tr>
<tr><td>其他植物种子种类</td><td colspan="3"></td><td>杂质种类</td><td></td></tr>
<tr><td rowspan="3">净度分析结果计算</td><td colspan="5">净种子/%</td></tr>
<tr><td colspan="5">其他植物种子/%</td></tr>
<tr><td colspan="5">杂质/%</td></tr>
<tr><td rowspan="4">千粒重测定</td><td>重复</td><td colspan="2">Ⅰ</td><td colspan="3">Ⅱ</td></tr>
<tr><td>重量/g</td><td colspan="2"></td><td colspan="3"></td></tr>
<tr><td>误差/%</td><td colspan="5"></td></tr>
<tr><td>结果计算</td><td colspan="5"></td></tr>
</table>

续表

<table>
<tr><td rowspan="5">种子生活力测定</td><td>重复</td><td>Ⅰ</td><td>Ⅱ</td><td>Ⅲ</td><td>Ⅳ</td></tr>
<tr><td>检测粒数</td><td></td><td></td><td></td><td></td></tr>
<tr><td>有生活力种子数</td><td></td><td></td><td></td><td></td></tr>
<tr><td>种子生活力/%</td><td></td><td></td><td></td><td></td></tr>
<tr><td>平均种子生活力/%</td><td colspan="4"></td></tr>
</table>

种子质量检验结果报告单

参赛编号：＿＿＿＿＿＿＿＿　　比赛时间：　　年　　月　　日　　时

<table>
<tr><td>作物名称</td><td colspan="2"></td><td>品种名称</td><td colspan="3"></td></tr>
<tr><td>送验样品重/g</td><td colspan="6"></td></tr>
<tr><td rowspan="2">净度分析</td><td>净种子/%</td><td></td><td>其他植物种子/%</td><td></td><td>杂质/%</td><td></td></tr>
<tr><td>其他植物种子种类</td><td colspan="2"></td><td>杂质种类</td><td colspan="2"></td></tr>
<tr><td>千粒重测定</td><td colspan="6">千粒重/g：</td></tr>
<tr><td>种子生活力测定</td><td colspan="6">种子生活力/%：</td></tr>
</table>

附录3：2012年农业类全国职业院校学生技能大赛中职组项目种子质量检测竞赛规程

一、比赛范围与参赛对象

全国涉农中等职业学校（含职业高中、农业广播电视学校）种植类相关专业在籍学生。

二、比赛内容与方式

以教育部颁布的职业学校相关专业教学指导方案和国家职业标准《农作物种子繁育员》（四级）规定的知识和技能要求为基础，结合技能型人才培养要求和农业生产岗位需要，适当增加新知识、新技术、新技能等相关内容。比赛采取理论知识考试和操作技能考核相结合的方法。（一）理论知识考试按国家职业标准《农作物种子繁育员》（四级）规定的应知要求，采取人机对话方式进行。考试时间为60分钟。

三、操作技能比赛内容

1. 比赛内容

在规定时间内完成小麦种子的净度分析、千粒重测定和生活力的四唑测定。

（1）小麦种子的净度分析。

采用四分法从500 g左右的小麦送验样品（样品中无重型混杂物）中分取净度分析试验样品，并对全试样进行分析。

（2）小麦种子的千粒重测定。

用千粒法（人工计数）测定小麦种子的千粒重。

（3）小麦种子生活力的四唑测定。

用四唑（TTC）染色法测定已经过预处理的小麦种子的生活力。

2. 比赛时间：150分钟。

3. 比赛方式

比赛为个人赛，每省参赛学生不超过2人，须为不同校在籍学生。

四、比赛命题及裁判

（一）命题

本规程规定了操作技能部分的考核要求。理论部分由农业部人力资源开发中心组织专家命题。

（二）裁判

聘请相关专业职业技能鉴定高级考评员、行业企业专家、高等院校教授为裁判员。大赛裁判工作按照公平、公正、客观的原则进行。

五、比赛场地及设施

（一）比赛场地

1. 理论知识考试在江苏农林职业技术学院计算机室进行。

2. 技能比赛在江苏农林职业技术学院研发楼种子质量检测室进行。

（二）技能比赛设备及用具

1. 恒温箱两个。

2. 实验材料、药品和工具（每人一套）。

塑料工具框 1 个、小烧杯 1 个（称量试样）、培养皿 8 个（千粒重称量及生活力测定）、称量纸 3 张、单面刀片 1 把、镊子 1 把，小药匙 1 把、0.5% 四唑溶液 200 mL、手持放大镜 1 个、塑料垫板 1 个（用于生活力测定时种子切取）、分样直尺 2 把、小刷子 1 把、SE402F 或 SE602F 电子天平、小麦种子（500 g 左右/袋，贴有标签）、经过浸湿处理的小麦净种子 300 粒左右、原始记载表 1 份、结果报告单 1 份、稿纸 3 张、标签纸 1 大张、水芯笔 1 支、3H 铅笔 1 支、橡皮 1 块、计算器 1 个和白色实验工作服等。

六、比赛规则和注意事项

（一）比赛规则

1. 参加理论考试与操作技能考试的参赛学生必须持本人身份证与参赛证参加比赛。

2. 参赛选手出场顺序、位置、比赛所用材料、工具由抽签决定，不得擅自变更、调整。

3. 参赛选手提前 15 分钟检录进入赛场，并按照指定位号参加比赛。迟到 15 分钟者，取消比赛资格；比赛开始 15 分钟后，选手方可离开赛场。

4. 种子质量检测项目选手应在比赛试卷或实物标签上填写比赛号。试卷（或实物标签）上不得有任何暗示选手身份的记号和符号，否则取消成绩。

5. 选手在比赛过程中不得擅自离开赛场，如有特殊情况，需经裁判同意。选手若需休息、饮水或去洗手间等，耗用时间计算在比赛时间内。

6. 比赛在规定时间结束时，参赛选手应立即停止操作，不得以任何理由拖延比赛时间。选手操作完成后，在《实际操作现场记录表》上签名确认，方可离开赛场。

（二）注意事项

1. 参赛对象必须是在籍学生。
2. 参赛选手须按规定的时间报到、比赛。
3. 参赛选手不得穿有学校标识的服装。
4. 比赛所用材料、仪器、工具均由承办单位提供。
5. 遵守纪律，尊重评委，服从指挥。

七、成绩评定

根据理论考试和操作技能考核分别采用百分制计分，按理论知识部分占 20%，操作技能部分占 80% 综合确定成绩。操作技能评分由该项目裁判员统一评分，考核要点与分值如下：

种子质量检测项目考核要点与分值

序号	考核内容		考核要点	分值
1	小麦种子的净度分析	试样分取	正确采用四分法进行检验样品的分取。分取方法正确，操作规范、熟练，分取试样重量符合规定要求	10
		试样分离	正确识别净种子、其他植物种子和杂质，并分别放入相应容器	10
		称量	针对不同重量样品选择适宜感量天平进行称重，操作规范、熟练，读数准确	7
		计算	写出计算公式和计算过程且结果正确，保留位数正确	10
		文明操作与安全	操作文明、安全，场地整洁	3

续表

序号	考核内容		考核要点	分值
2	测定小麦种子的千粒重	数取试样	从净度分析后并充分混合的净种子中随机数取种子2个重复,每个重复1 000粒;数取熟练、规范	10
		称重	选择适宜感量天平进行称重，操作规范、熟练，读数准确	7
		计算	计算2份重复的平均重量,2份重复之差与平均数之比不应超过5%，写出实测千粒重的计算公式且结果正确，保留位数正确	10
		文明操作与安全	操作文明、安全，场地整洁	3
3	快速测定小麦种子生活力	样品准备	切取样品4个重复，每个重复50粒，切口平滑，切位正确，操作熟练	7
		四唑染色	将已准备好的种子样品放入培养皿中，加入适量染色试剂，并移置30～40 °C恒温箱中进行染色反应0.5～1 h,至染色很明显后取出并冲洗；操作熟练、规范	7
		观察鉴定	观察胚和盾片着色情况，正确判断染色组织、部位、面积和染色深浅并进行鉴定，操作熟练、规范	10
		计算	重复间最大容许差距不超过规定。写出计算公式且结果正确，保留小数位数正确	3
		文明操作与安全	操作文明、安全，场地整洁	3

七、申诉与仲裁

1. 参赛选手对不符合比赛规定的实验材料，有失公正的检测、评判、奖励，以及对工作人员的违规行为等，均可提出申诉。

2. 选手申诉均须通过本代表队领队，在本赛项结束后 1 小时内以书面形式向大赛执委会仲裁组提出。仲裁组将认真负责地受理选手申诉，并将处理意见通知领队和当事人。

3. 大赛执委会仲裁组的裁决为最终裁决。

八、其他

本比赛办法与规则的最终解释权归全国农业技能大赛执行委员会。

参考文献

[1] 毕辛华，戴心维. 种子学[M]. 北京：中国农业出版社，1999.

[2] 王新燕. 种子质量检测技术[M]. 北京：中国农业大学出版社，2008.

[3] 张芳豫. 中职技能大赛中小麦种子净度分析常见问题及处理[J]. 广西教育，2016（12）.

[4] 黄卫华. 小麦种子净度分析[J]. 吉林农业. 2010（12）.

[5] 李扬汉. 植物学[M]. 上海：上海科学技术出版社，1988.